Mulheres na Ciência
O que mudou e o que ainda precisamos mudar

Leticia de Oliveira | Tatiana Roque
organizadoras

Mulheres na Ciência

O que mudou e o que ainda precisamos mudar

© Leticia de Oliveira, Tatiana Roque, Ana Lúcia Nunes de Sousa, Fátima Smith Erthal, Fernanda Staniscuaski, Gisele Camilo da Mata, Karin da Costa Calaza, Lohrene de Lima da Silva, Luciana Ferrari Espíndola Cabral, Mariana da Silva Lima, Thereza Cristina de Lacerda Paiva, 2024
© Oficina Raquel, 2024

Editores
Raquel Menezes e Jorge Marques

Revisão
Oficina Raquel

Assistente editorial
Philippe Valentim

Pesquisa e edição
Paula Lacerda

Estagiária
Nicole Bonfim

Infografias
Felipe Nadaes

Capa, projeto gráfico e diagramação
Paulo Vermelho

DADOS INTERNACIONAIS PARA
CATALOGAÇÃO NA PUBLICAÇÃO (CIP)

M956   Mulheres na ciência: o que mudou e o que ainda precisamos mudar / Leticia de Oliveira, Tatiana Roque organizadoras. – Rio de Janeiro : Oficina Raquel, 2024.
180 p. ; 21 cm.

ISBN 978-85-9500-110-7

1. Mulheres na ciência I. Oliveira, Leticia de II. Roque, Tatiana.

CDU 001-055.2

Bibliotecária: Ana Paula Oliveira Jacques / CRB-7 6963

oficina raquel
Mais que livros, diversidade

R. Santa Sofia, 274
Sala 22 - Tijuca, Rio de Janeiro - RJ, 20540-090
www.oficinaraquel.com
oficina@oficinaraquel.com
facebook.com/Editora-Oficina-Raquel

Sumário

Apresentação 7

Capítulo 1
Entrevista com a economista e professora Hildete Pereira de Melo 11

Capítulo 2
Do que falamos quando pedimos mais igualdade de gênero? 17

Capítulo 3
Como diminuir as desigualdades de gênero e raça na ciência? Enfrentando o viés implícito socialmente construído 67

Capítulo 4
Mulheres negras nas ciências: da teoria à ação 99

Capítulo 5
Maternidade no contexto da academia e ciência: o princípio de uma transformação 125

Capítulo 6
Mulheres em STEM – por que somos tão poucas? 151

Apêndice 1
Recomendações para evitar a influência generalizada do viés implícito negativo de grupos estereotipados em editais e chamadas de financiamento 167

Apêndice 2
Recomendações para evitar vieses implícitos no processo de seleção 171

As autoras 175

Mulheres na Ciência

Distribuição por sexo das bolsas de Mestrado e Doutorado no Brasil

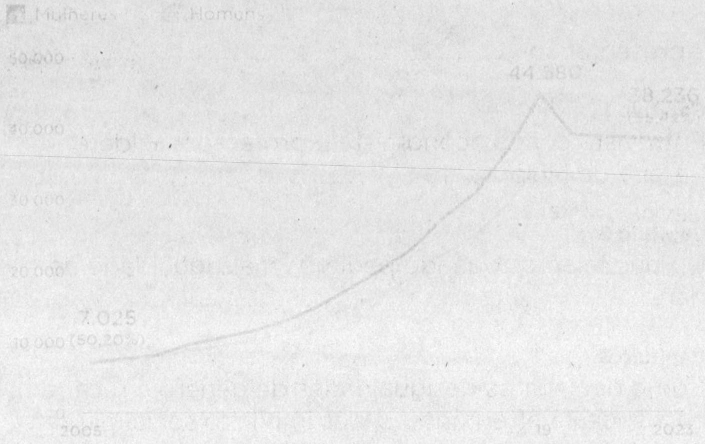

Por área (2023)

Apresentação

A universidade brasileira mudou muito nas últimas décadas. Foram essenciais os programas de democratização e expansão da educação superior no país, como a Lei de Cotas e o Programa de Apoio a Planos de Reestruturação e Expansão das Universidades Federais (Reuni), que transformaram radicalmente o perfil estudantil, tornando mais justo o acesso à universidade. Essa mudança não foi acompanhada, contudo, por deslocamentos igualmente significativos nos espaços de poder da academia. Essa é uma das razões dos embates crescentes e das preocupantes frustrações de estudantes, com prejuízos inclusive para sua saúde mental e suas perspectivas de futuro. Neste livro, queremos contribuir para o diagnóstico de onde se dá a maior desigualdade de gênero para, a partir daí, propor políticas públicas e mudanças institucionais que acolham os anseios de quem entra na academia esperando alçar voos maiores. A desigualdade racial é um grave problema, decorrente de séculos de exclusão de pessoas negras da universidade, que intersecciona de maneira importante com a desigualdade de gênero. Os capítulos que se seguem abordam também esta questão, ainda que mais contribuições sejam necessárias e desejáveis.

Abrimos este livro lembrando o quanto os avanços que tivemos devem-se a mulheres que batalharam a vida por maior igualdade de gênero. Trazemos uma entrevista inédita com Hildete Pereira de Melo, cientista feminista da área da economia, com inúmeras publicações sobre o tema e participação ativa na Secretaria de Políticas para as Mulheres da Presidência da República. O segundo capítulo faz uma radiografia, traça o estado da arte relativo à desigualdade de gênero hoje na ciência brasileira, assim como algumas ações já desenvolvidas e bem-sucedidas para mitigar o problema. Os capítulos subsequentes são um aprofundamento em aspectos específicos que podem explicar as desigualdades de gênero e raça que encontramos na ciência brasileira e mundial. O terceiro capítulo aborda a influência negativa para mulheres e pessoas negras do viés implícito e dos estereótipos de gênero e raça que são socialmente construídos. O quarto capítulo aborda importantes reflexões sobre a imensa desigualdade racial, associada ao gênero, na ciência brasileira, com a apresentação de projetos inspiradores que tentam minimizar o problema. No capítulo 5, é discutido um fenômeno importante e ainda pouco explorado para a geração e ampliação das desigualdades de gênero: a maternidade e a falta de políticas públicas de apoio às cientistas mães. Encerramos com o capítulo 6, enfatizando as dificuldades encontradas pelas mulheres nas áreas das ciências exatas e da terra, assim como iniciativas importantes para aumentar a representação de mulheres nestas áreas.

Este é um livro em processo de construção. Sabemos que há muitos aspectos importantes que precisam ser discutidos e aprofundados, tais como o assédio no ambiente acadêmico, assim como as intersecções das desigualdades de gênero relacionadas à discriminação de pessoas com deficiência, diferentes raças e etnias, diferentes orientações de gênero e sexualidade. A intenção é que este seja o ponto de partida para pensarmos juntas e implementarmos as transformações institucionais de que a universidade e o ambiente acadêmico precisam para consolidar a democratização iniciada nos anos 2000.

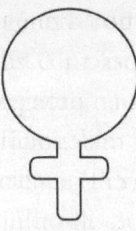

Capítulo 1
Entrevista com a economista e professora Hildete Pereira de Melo[1]

Tatiana Roque

Você participou ativamente da constituição, em 2005, do Programa Mulher e Ciência, que surgiu de ações conjuntas da Secretaria da Mulher e do Ministério da Ciência e Tecnologia. O MCT demorou um pouco para incorporar a questão do combate à desigualdade de gênero em seus documentos e estratégias e foi a Secretaria da Mulher que teve o papel de alavancar essas políticas, não é? Pode contar um pouco dessa história?

Hildete Pereira Melo - O Programa Mulher e Ciência foi criado na Secretaria de Políticas para as Mulheres, na primeira administração de Nilcéa Freire, portanto no primeiro governo Lula, junto com a articulação que a SPM

---

[1] Hildete Pereira de Melo Hermes de Araújo é economista, professora e pesquisadora do Núcleo de Pesquisas em Gênero e Economia da Universidade Federal Fluminense (UFF). Autora de livros, coletâneas e artigos sobre a História das Mulheres e Economia Feminista, é editora da Revista Gênero/UFF, ex-membro do Conselho Nacional dos Direitos da Mulher do Ministério da Justiça (1985-89) e foi duas vezes Gestora Pública da Secretaria de Políticas para as Mulheres da Presidência da República (2009-2010 e 2012-2014).

fez com o CNPq para que o Prêmio Mulher na Ciência e o encontro Pensando Gênero e Ciências fossem implementados. Tudo começou com a chegada de Nilcéa, que tinha sido ex-reitora da UERJ e a criadora do programa de cotas em 2000, ao ministério em janeiro de 2004, e de sua articulação, na secretaria, com Sônia Malheiros e o movimento feminista. Eu fui da diretoria da Sociedade Brasileira para o Progresso da Ciência (SBPC) no Rio de Janeiro e, junto com a Ligia Rodrigues, uma física do Centro Brasileiro de Pesquisas Físicas (CBPF), tínhamos produzido um livro sobre as mulheres pioneiras nas ciências. Foi um trabalho feito junto com a SPBC, na gestão do Ennio Candotti, que tinha dado muita importância à participação das mulheres na entidade. A SBPC teve pouquíssimas presidentas ao longo de sua história e é uma associação científica que é de 1944, portanto está na raiz do trabalho e da difusão da ciência no Brasil. Então houve esta conexão da Nilcéa, que também era da universidade, conosco da UFF e a turma do CBPF. As físicas eram muito atuantes, por conta de serem de uma das carreiras acadêmicas com menos mulheres na história da ciência do Brasil. Fizemos esta primeira articulação para construir o Pensando Gênero e Ciências, um seminário grande com a participação de vários núcleos de pesquisa sobre mulheres. Naquela época, gênero ainda estava se consolidando como um nome que entraria definitivamente para a história de discussão de políticas públicas para mulheres. Foi organizado em Brasília um congresso com cerca de 300 pessoas, e mais de 100 núcleos de pesquisa em gênero brasileiros compareceram. O Programa Mulher e Ciência está assentado neste debate do Pensando Gêneros. Houve mais de um seminário, mas desde o primeiro esta questão já foi postulada. Fiz um estudo sobre as mulheres dentro das bolsas do CNPq ainda na década de 1990, junto com Teresa Cristina Marques, que tinha sido minha orientanda. Fui co-orientadora de sua dissertação de mestrado, junto com Marieta Moraes, depois ela foi morar em Brasília e trabalhamos nessa construção. Analisamos os dados das bolsas do CNPq para entender como elas estavam distribuídas, e percebemos que as mulheres eram minoria, recebiam menos de 30% das bolsas de pesquisa já naquela época, na década de 1990[2]. O Programa Mulher e Ciência foi fruto do trabalho das feministas dentro das universidades, ao perceberem que as mulheres até estavam presentes na universidade, mas os cargos de comando nesses espaços eram masculinos, como em todos os outros, até hoje. Quem manda são os homens e eles se seguram no poder com unhas e dentes. Mudar este cenário é um trabalho de formiguinha que fazemos. O poder na mão do sexo masculino ainda é uma questão extremamente presente.

Você tem trabalhado bastante sobre dados que mostram que as mulheres entram na carreira científica, e veem seus trabalhos e sua carreira frutificarem, mais velhas. A que se deve isso, de acordo com sua interpretação desses dados?

HPM - Costumo dizer que as carreiras científicas, para as mulheres, são as carreiras da menopausa. Quando a gente analisa o banco de dados de bolsas do CNPq, em todos os seus níveis, essa questão é evidente. As mulheres

---

[2] Mais à frente, o capítulo "Do que falamos quando pedimos mais igualdade de gênero?" mostra que, em 2023, 64,17% das bolsas PQ do CNPq foram concedidas a homens e apenas 35,83% a mulheres.

fazem o seu Doutorado com 25, 35, 40 anos... Mas este é o período em que muitas mulheres estão parindo, é a idade da fertilidade, quando a reprodução acontece. E elas até podem ficar na universidade, mas sua produção cai. Nas bolsas de pesquisa PQ, isso fica nítido. Quando você analisa a produção científica das pesquisadoras PQ, das pioneiras da ciência, sobre as quais já escrevi, vê que elas não tiveram filho, ou não se casaram... Muitas optaram por não se casar, por conta desse cruzamento, dessa dificuldade de conciliar a maternidade com a carreira científica. Quando as mulheres engravidam, há uma queda na produção delas, e isso segue com a chegada dos bebês, porque a humanidade é muito frágil nos seus primeiros anos de vida e seus cuidados ainda não são partilhados na sociedade. São as mulheres as encarregadas de fazer tudo em relação aos filhos nesses anos. Então a carreira científica é a carreira da menopausa, para ser desenvolvida quando não há mais filhos, quando eles já estão criados e mais independentes.

Sobre esta questão dos cuidados: a divisão de trabalho entre homens e mulheres se dá muito a partir da concepção de que a mulher teria uma vocação para a área de cuidados. A gente se depara com isso na divisão do trabalho doméstico e, também, no trabalho intelectual. Por que isso acontece na divisão de carreiras? Que dados e interpretações sobre este tema você já colheu em suas pesquisas?

HPM - A questão da divisão sexual do trabalho e a presença dos cuidados nas carreiras está intimamente relacionada à socialização das mulheres. As mulheres são socializadas para cuidar da família, das pessoas. Quando elas vão para o mercado de trabalho, escolhem o que já conhecem, os serviços dos cuidados. 76% das mulheres que estão no mercado de trabalho estão alocadas nas ocupações de professoras, no sistema de saúde, onde são médicas, enfermeiras... Nos dias atuais, elas também estão presentes no comércio, assim como os homens. De 2022 para cá, como mostram os últimos dados do censo, houve uma ocupação massiva tanto de homens como mulheres nas atividades de comércio, o que significa um avanço da tecnologia no setor industrial e no próprio campo. Mas as mulheres ainda estão lá, nos serviços sociais e como trabalhadoras domésticas. Em todos os censos brasileiros, de 1872, 1920, 40, 50, 60, 70, 80, 91, 2000 e 2010, até 2022, a maior ocupação das mulheres brasileiras era como empregada doméstica. Isso mostra o problema da educação. Embora a maior vitória das mulheres seja também, nestes últimos 100 anos, a escolarização. As mulheres se educaram sem ter uma política pública para isso. Nós começamos o século XX com 80% das mulheres brasileiras analfabetas. Hoje, temos uma percentagem mínima, de 10, 13%, um residual de mulheres velhas que não foram à escola. Isso também é verdade para os homens, só que os homens eram mais alfabetizados que as mulheres na virada do século XIX para o XX. 80% de nós éramos analfabetas; deles, 70%. De qualquer maneira, isso dá uma dimensão do caminho que as mulheres trilharam. Não teve política pública para isso, as políticas públicas chegaram agora, na virada do século XX para o XXI. Então, as escolhas que a gente faz por trabalhos de cuidados é por causa da socialização. Você bota uma bonequinha na mão de uma menininha de 11 meses, mas bota um caminhão, um avião, uma bola nas mãos e nos pés dos meninos. É na mais tenra idade que você socializa meninos e meninas para exercerem atividades diferenciadas na idade adulta.

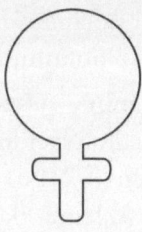

Capítulo 2

Do que falamos quando pedimos mais igualdade de gênero?

Tatiana Roque

Precisamos de mais mulheres nas ciências.

Precisamos de uma ciência que não crie obstáculos para as mulheres.

Precisamos de uma ciência enriquecida pela perspectiva das mulheres.

Temos acima três maneiras de abordar o tema equidade de gênero na ciência. Ainda há outras, mas vamos começar falando um pouco sobre por que as três são importantes e se complementam.

A maior participação das mulheres nas ciências tem a ver com **representatividade**, geralmente aferida por números e estatísticas. Dados públicos que traremos neste documento mostram como, apesar de uma melhoria no acesso das mulheres à graduação e à pós-graduação nos últimos anos, mulheres ainda estão menos propensas a se inserirem em determinados campos de pesquisa acadêmica ou em posições privilegiadas da carreira.

O efeito "teto de vidro" é o fenômeno que indica barreiras invisíveis que dificultam o acesso de mulheres a posições de destaque ou liderança na hierarquia da ciência e está presente no Brasil e no mundo.

Um exemplo que ganhou destaque em debates recentes é a oferta pelo Conselho Nacional de Desenvolvimento Científico e Tecnológico (CNPq) de bolsas de produtividade em pesquisa (PQ), uma das mais importantes no fomento à pesquisa acadêmica no país. Por um lado, conseguimos ao longo dos últimos anos atingir a predominância feminina no número total de bolsas de pesquisa concedidas pelo CNPq, em todas as modalidades – do número total de 92.579 bolsas pagas em 2023, por exemplo, 47.753 (ou 51,58%) foram para mulheres[1]. Por outro lado, o quadro é bem diferente na chamada específica para bolsas de Produtividade em Pesquisa, que são as bolsas de mais alto nível da pesquisa acadêmica, oferecidas a pesquisadores já consolidados e com produção científica e tecnológica de destaque em suas áreas do conhecimento. Nestas bolsas, há larga vantagem masculina: das 3.935 bolsas PQ aprovadas em 2023, 64,17% dos beneficiários foram homens e 35,83% foram mulheres[2]. Não somente há menos mulheres do que homens entre os bolsistas de produtividade do CNPq, como essa discrepância é mais grave em algumas disciplinas, como nas áreas de STEM (Ciência, Tecnologia, Engenharia e Matemática, na sigla em inglês). Retomaremos esses dados mais adiante.

Além da representatividade, também precisamos analisar a **cultura científica**. Ou seja, os hábitos e costumes da prática da ciência que excluem as mulheres. Existe um senso comum segundo o qual há carreiras mais femininas

---

[1] Dados extraídos do Painel de Fomento em Ciência, Tecnologia e Inovação do CNPq.

[2] Dados extraídos do Painel de Chamadas de Bolsas de Produtividade (PQ) do CNPq.

Do que falamos quando pedimos mais igualdade de gênero?

e outras mais masculinas, para as quais as mulheres não teriam vocação. Isso é tão presente na comunidade científica que, de fato, há mais mulheres em todas as carreiras relacionadas aos cuidados. Já nas áreas tidas como "mais duras", como as exatas ou as engenharias, a predominância de homens salta aos olhos.

Mesmo que se propague a visão de que mulheres nasceram para cuidar, as mães são rebaixadas na academia. A cultura científica excludente ficou bem óbvia em episódio recente envolvendo a pesquisadora Maria Carlotto, da UFABC (Universidade Federal do ABC), que teve a maternidade citada em um parecer do CNPq contrário à obtenção da bolsa PQ a que ela concorria, no fim de 2023. Segundo a análise do parecerista, pesava o fato de a pesquisadora não ter realizado pós-doutorado no exterior, o que poderia ter sido "atrapalhado" por suas gestações. Diante da repercussão negativa da justificativa, o CNPq emitiu nota admitindo a inadequação da avaliação e seu "juízo de valor preconceituoso". Em janeiro de 2024, o conselho anunciou uma revisão dos critérios de julgamento para concessão de bolsas PQ, estendendo por dois anos o período de avaliação da produtividade científica do proponente para cada parto ou adoção ocorrida no prazo estipulado para chamada, o que já era uma demanda antiga do Parent in Science, importante movimento brasileiro que estuda o impacto da parentalidade na carreira de cientistas. É um avanço, mas ainda estamos longe do necessário. Falaremos abaixo também das políticas para maior participação das mães e do tanto que ainda precisa ser mudado na cultura científica para se criar um ambiente mais acolhedor para as mulheres.

O terceiro modo pelo qual a desigualdade de gênero se mostra é ainda mais sutil, pois tem a ver com os próprios resultados da ciência. Existe um **viés epistemológico** em conclusões científicas obtidas por comunidades predominantemente masculinas. Um exemplo revelador é a pesquisa sobre os primatas. Até meados do século 20, a primatologia (estudo dos primatas) estava repleta de imagens estereotipadas sobre as diferenças entre machos e fêmeas. A sociedade primata seria governada pela competição entre machos dominantes, que controlavam limites territoriais e mantinham a ordem. Já as fêmeas eram descritas como mães dedicadas, sexualmente disponíveis aos machos, com pouco significado social. Eram criaturas dóceis, não-competitivas, que trocavam sexo por proteção e alimento. Qualquer semelhança não é mera coincidência. A espécie homem sempre teve fixação por macacos para entender a si mesma. Nada mais conveniente, portanto, do que constatar uma diferença biológica entre comportamentos primatas de machos e fêmeas para naturalizar o papel social de homens (fortes, guerreiros e competitivos) em oposição ao das mulheres (dóceis, acolhedoras e amorosas). Quando as mulheres começaram a dominar esse campo de pesquisas, iniciaram também uma mudança da imagem sobre o papel das fêmeas, mostrando que, anteriormente, as escolhas dos objetos de estudo eram enviesadas. Em vez de se tomar uma mistura representativa de machos e fêmeas, incluindo diferentes primatas, privilegiavam-se os babuínos. Ao analisar amostras mais diversificadas, a primatóloga Linda Fedigan contestou o mito do "macaco assassino" e começou a mudar a imagem de primatas com implicações enviesadas para a compreensão da natureza humana (SCHIEBINGER, 2001). Outro estudo interessantíssimo (ANDERSON *et al*, 2023), demonstrando viés epistemológico, analisou

Do que falamos quando pedimos mais igualdade de gênero?

63 sociedades coletoras diferentes, concluindo que 50 (79%) tinham documentos sobre mulheres caçando. Ou seja, nas sociedades onde a caça é considerada a atividade de subsistência mais importante, as mulheres participavam ativamente da caça 100% do tempo, desconstruindo a visão de que os machos teriam uma vocação natural para a caça.

Resumindo, a desigualdade de gênero é refletida nas questões da representatividade, da cultura científica e do viés epistemológico. Essa divisão em três aspectos foi proposta pela historiadora da ciência Londa Schiebinger, no livro *O Feminismo Mudou a Ciência?*. Evidente que estão intrinsecamente relacionadas, mas as estratégias para enfrentar os desafios impostos por cada uma podem variar. Vamos analisar neste artigo os dois primeiros aspectos. O terceiro demanda um trabalho mais profundo de história e filosofia da ciência, como foi o caso da história da primatologia e de como foi radicalmente modificada a partir dos anos 1960. Não vou me alongar aqui sobre o viés epistemológico, mas deixo algumas indicações como os capítulos "Mary com a cabeça nos céus" e "Nas asas de Dorothy", do meu livro *O Dia em que Voltamos de Marte*, o livro de Sandra Harding, *Sciences from Bellow*, e o capítulo inicial do livro *Why Trust Science?*, de Naomi Oreskes.

O teto de vidro em números

Desde 2005, as mulheres são maioria entre mestres e doutores no Brasil. É o que mostram os dados da Plataforma Lattes do CNPq, exibidos no gráfico da próxima página[3]. Em 2023, a proporção era de 55,42% de mulheres mestres e doutoras versus 44,58% homens.

---
[3] Painel de Formação e Atuação oriundos da base de Currículos.

Mulheres na Ciência

Distribuição por sexo das bolsas de Mestrado e Doutorado no Brasil

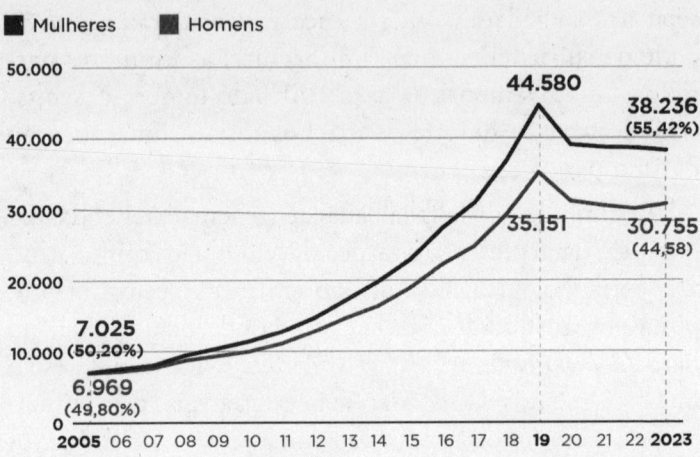

Por área (2023)

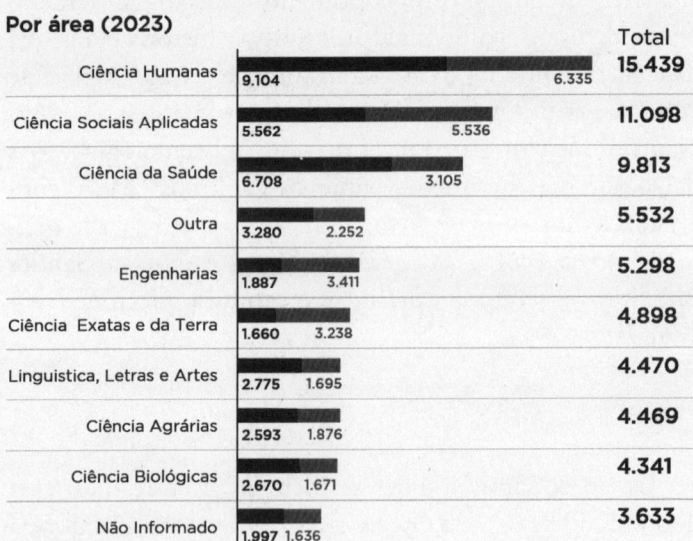

Fonte: Dados extraídos da Base LATTES em 6/6/2024

O resultado positivo para a presença de mulheres na pós-graduação das universidades brasileiras pode mascarar, no entanto, dados relevantes de desigualdade de gênero, como a proporção de bolsas de pesquisa acadêmica atribuídas a mulheres e as dificuldades no avanço na carreira profissional. Essa realidade não se dá apenas no Brasil, pois, globalmente, 71% dos pesquisadores universitários eram homens no ano de 2020. É o que mostra o relatório da Unesco "Uma equação desequilibrada: participação crescente de Mulheres em STEM na América Latina e Caribe"[4]. Apenas 3% dos prêmios Nobel de ciências foram conquistados por mulheres e, no Brasil, elas ocupavam somente de 0% a 2% dos cargos de liderança na área de Ciência e Tecnologia.

De fato, sempre que olhamos para posições de poder, o número de mulheres cai, mesmo quando a equiparidade é atingida em níveis inferiores da carreira. Na literatura, este fenômeno é descrito como "efeito tesoura", ou seja, o percentual de mulheres diminui desproporcionalmente à medida que se avança na carreira, fenômeno conhecido como segregação vertical ou hierárquica (ROSSITER, 1982). O "efeito tesoura" se soma ao "teto de vidro", ou seja, à redução do número de mulheres quando observamos postos mais altos e de maior prestígio na carreira, como se houvesse um teto invisível atuando como obstáculo.

Isso fica nítido quando analisamos a distribuição de bolsas de Produtividade em Pesquisa do CNPq. O quadro da desigualdade pode ser observado no gráfico da próxima página, que cobre o período entre 2013 e 2023[5]:

---

[4] Publicado em 2022 em parceria com o British Council.
[5] Com dados extraídos do Painel de Chamadas de Bolsas de Produtividade (PQ).

Mulheres na Ciência

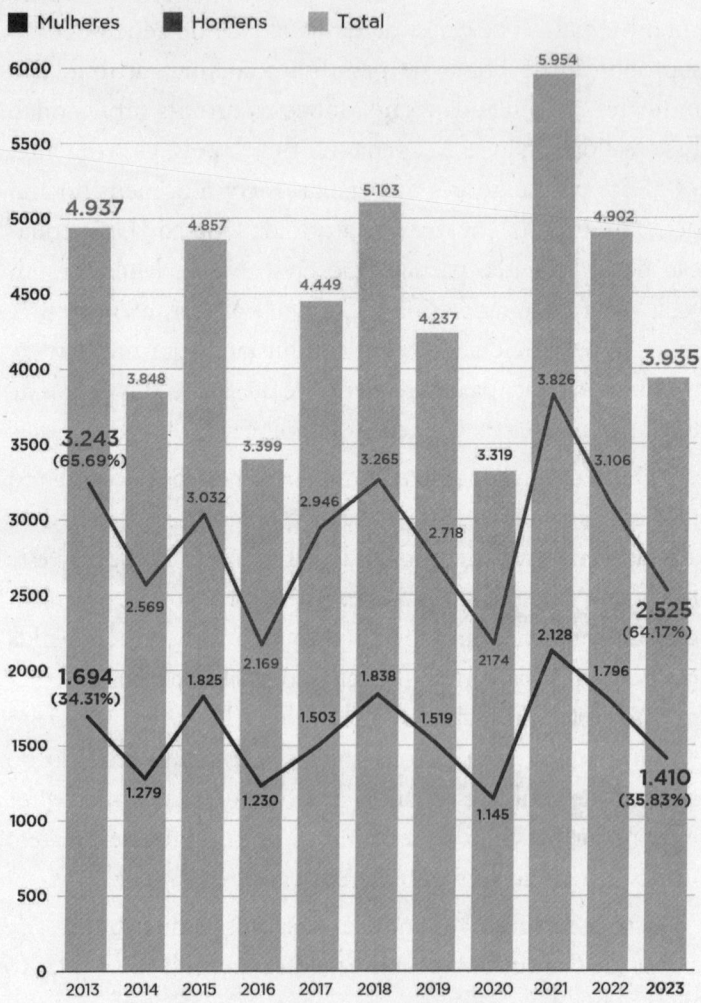

Fonte: CNPq- Painel de Chamadas de Bolsas de Produtividade - PQ

Do que falamos quando pedimos mais igualdade de gênero?

O gráfico mostra, por exemplo, que das 3.935 bolsas PQ aprovadas em 2023, 64,17% dos beneficiários foram homens e 35,83% foram mulheres. E a realidade de desigualdade pouco mudou na última década: se observarmos o destino das 4.937 bolsas PQ distribuídas em 2013, vemos que 65,69% foram para homens e apenas 34,31% para mulheres. Ao desagregar os dados por área de conhecimento, a sub-representação das mulheres é ainda mais grave, como nas Ciências Exatas e da Terra, Ciências Biológicas, Engenharias e Ciências Agrárias. Analisando o número total de bolsas PQ aprovadas nestas áreas em 2023, como mostra o gráfico abaixo, vemos que a disparidade chega a uma distribuição de 71,57% de bolsas para homens contra apenas 28,43% para mulheres. As áreas em que mulheres têm o maior número de bolsas são aquelas nas quais os predicados historicamente construídos como femininos são necessários, como habilidades de cuidado. É o caso das áreas de Ciências Sociais, Humanidades e Ciências da Vida. Nestas áreas[6], em 2023, as mulheres até chegaram bem perto do equilíbrio em número de bolsas: elas receberam 49,89% das bolsas PQ ao passo que os homens receberam 50,11%, mesmo que, na base destas áreas, as mulheres representem mais do que 50% do total.

---

[6] Foram consideradas, no cálculo, as áreas listadas pelo CNPq como Ciências Humanas, Ciências da Saúde, Ciências Sociais Aplicadas, Linguística, Letras e Artes.

Distribuição por sexo de bolsas PQ por áreas de conhecimento

■ Feminino   ■ Masculino   ▧ Total

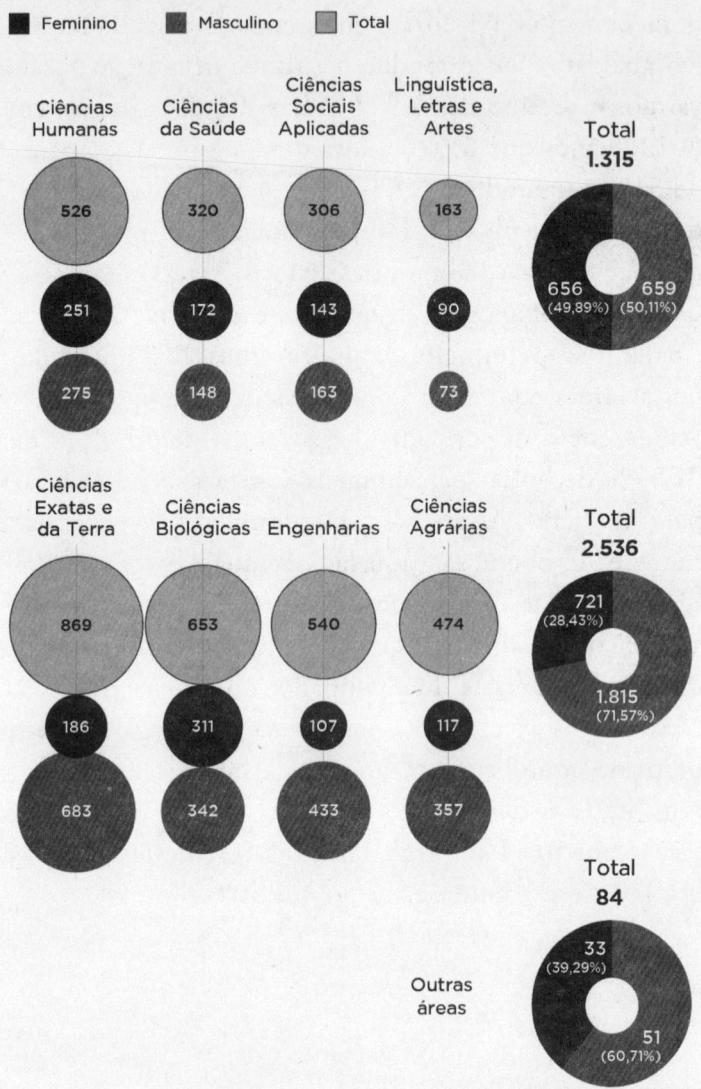

Fonte: CNPq- Painel de Chamadas de Bolsas de Produtividade - PQ

Do que falamos quando pedimos mais igualdade de gênero?

Ao cruzar dados de gênero com os de raça/cor dos pesquisadores contemplados com as bolsas PQ, percebemos novas evidências de segregação na avaliação dos candidatos e distribuição dos benefícios. Um levantamento feito pelo movimento Parent in Science (PiS)[7] sobre as 16.108 bolsas do CNPq vigentes em julho de 2023, em todos os níveis, mostrou que homens brancos detinham 46,5% das bolsas totais, como mostra o gráfico abaixo. O cenário era ainda mais crítico entre bolsistas do nível 1A, onde não existiam bolsistas mulheres pretas e indígenas:

---

[7] O estudo considerou dados autodeclarados pelos bolsistas. 19,2% dos bolsistas PQ considerados para a análise não declararam sua raça/cor.

Mulheres na Ciência

Distribuição por raça e sexo das bolsas PQ vigentes em julho de 2003

■ Mulheres   ■ Homens

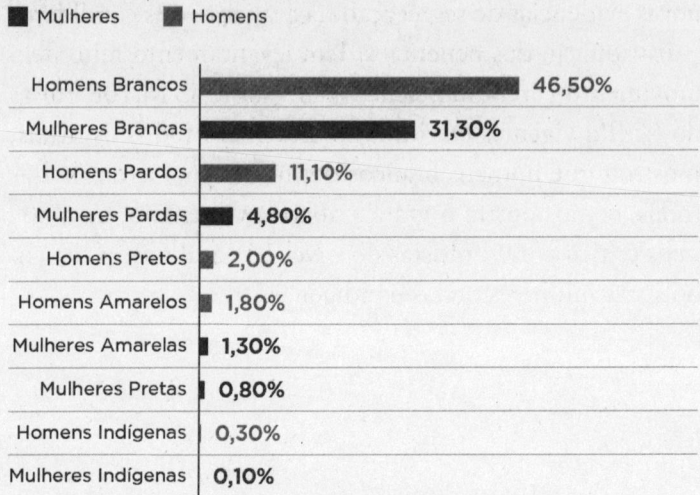

Homens Brancos	46,50%
Mulheres Brancas	31,30%
Homens Pardos	11,10%
Mulheres Pardas	4,80%
Homens Pretos	2,00%
Homens Amarelos	1,80%
Mulheres Amarelas	1,30%
Mulheres Pretas	0,80%
Homens Indígenas	0,30%
Mulheres Indígenas	0,10%

Nível 1A

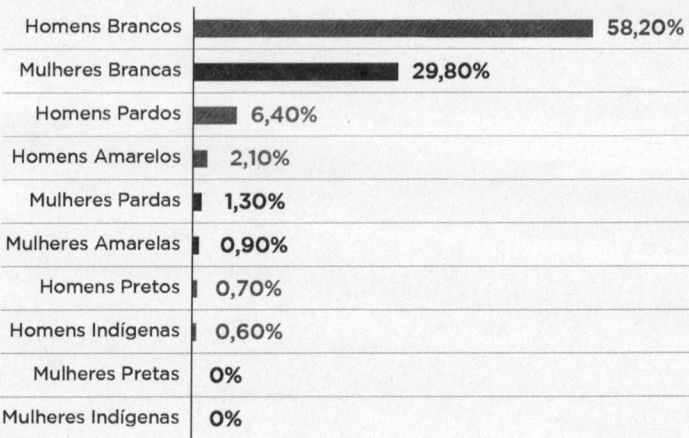

Homens Brancos	58,20%
Mulheres Brancas	29,80%
Homens Pardos	6,40%
Homens Amarelos	2,10%
Mulheres Pardas	1,30%
Mulheres Amarelas	0,90%
Homens Pretos	0,70%
Homens Indígenas	0,60%
Mulheres Pretas	0%
Mulheres Indígenas	0%

Fonte: Parent in Science, 2023

Do que falamos quando pedimos mais igualdade de gênero?

De fato, outra evidência do desprestígio na distribuição das bolsas de produtividade do CNPq é a redução do número de mulheres em relação aos homens à medida que o nível da bolsa aumenta. Em 2023, a proporção de gênero no primeiro nível da bolsa de pesquisa, a PQ-2, foi de 37,32% de bolsistas mulheres contra 62,68% de bolsistas homens. Na bolsa de nível mais alto do CNPq, a PQ-1A, a proporção foi de 28,29% mulheres contra 71,71% homens. Esse número é ainda mais chocante em alguns campos de conhecimento, como é o caso da área que reúne Física, Matemática, Ciência da Computação, Astronomia, Microeletrônica e Probabilidade e Estatística. Em 2023, os bolsistas dessas áreas detinham 10,79% das bolsas, sendo apenas 1,72% de mulheres. O mais impressionante é notar que pouco mudou ao longo dos últimos dez anos, pois, em 2013, as bolsas dessas áreas representavam 11,84% do total de bolsas de pesquisa, sendo apenas 1,75% para mulheres. Já em pesquisas voltadas para os cuidados, o quadro é bem distinto, como na grande área que reúne Medicina, Odontologia, Saúde Coletiva, Enfermagem, Farmácia, Educação Física, Nutrição, Fisioterapia, Terapia Ocupacional e Fonoaudiologia. Em 2023, 12,54% das bolsas de pesquisa foram para essas áreas, sendo a maioria para as mulheres, que correspondem a 7,1% deste total. Os dados não mudam muito em relação a 2013, o que mostra que as políticas de fomento ainda tiveram pouco efeito para quebrar o obstáculo da desigualdade filtrada por áreas de conhecimento.

Distribuição por sexo das bolsas PQ de maior e menor níveis

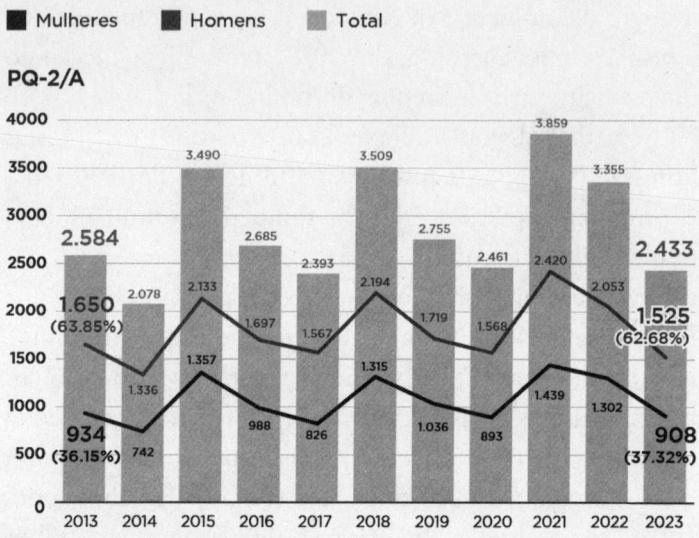

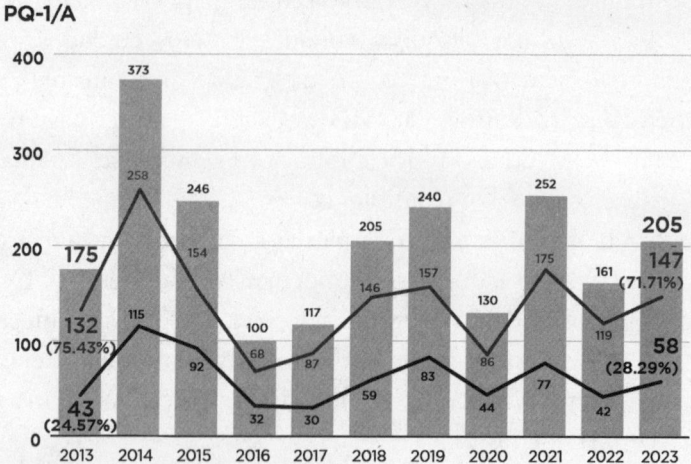

Fonte: CNPq - Painel de Chamadas de Bolsas de Produtividade -PQ

Do que falamos quando pedimos mais igualdade de gênero?

Os critérios de seleção estabelecidos pelo CNPq para aprovação das bolsas envolvem a produção científica do pesquisador, a capacidade comprovada de formação de recursos (mestres, doutores e supervisão de pós-doutores) e a capacidade de liderança em pesquisa, medida em grande parte pela coordenação e participação em projetos de pesquisa. Gênero não é um critério objetivo de avaliação e seleção dos pedidos de bolsas de Produtividade em Pesquisa. Contudo, um estudo do Banco Interamericano de Desenvolvimento (BID) de 2022 mostra que há um efeito de gênero sobre a probabilidade de um candidato ter sua bolsa de produtividade aprovada. Ou seja, pesquisadoras mulheres com o mesmo perfil dos pesquisadores homens têm menos chance de receberem o recurso para pesquisa em um edital competitivo como o de bolsas de produtividade do CNPq. Esse é também um modo de observar as implicações do chamado Efeito Matilda[8], pelo qual as contribuições de mulheres para a pesquisa científica são paulatinamente desprezadas ou diminuídas, seja pela não atribuição de seu devido crédito aos estudos, seja pela diminuição do valor de suas publicações ou pelos não convites para participação em eventos, entre outros exemplos.

A probabilidade de mulheres doutoras, com os mesmos perfis de seus pares masculinos, obterem bolsas de Produtividade em Pesquisa é menor que a dos homens: a diferença é de 3,7 pontos percentuais (p.p.) considerando todas as áreas. A redução de probabilidade associada ao gênero feminino é maior ainda nas áreas STEEM[9], chegando a 5,6 p.p. Esses números, mostrados na tabela da próxima página, foram extraídos do estudo do BID:

---

[8] O termo, cunhado pela historiadora Margaret Rossiter, faz referência a Matilda Joslyn Gage, sufragista americana que, no fim do século XIX, lutou pelos direitos das mulheres e teve suas contribuições ignoradas.

[9] STEEM é uma atualização da sigla conhecida como STEM, acrescentando Economia às áreas de Ciência, Tecnologia, Engenharia e Matemática.

Efeito do sexo sobre a probabilidade de o candidato à bolsa PQ ser aprovado 2017 e 2020

	TODAS AS ÁREAS		ÁREAS STEEM	
	(1)	(2)	(3)	(4)
Feminino	−0,041***	−0,037***	−0,065***	−0,056*** (0,016)
Ano de 2020	−0,041***	−0,037***	−0,065***	−0,056*** (0,016)
Feminino x ano de 2020	−0,041***	−0,037***	−0,065***	−0,056*** (0,016)
Quantidade de publicações		−0,037***		−0,056*** (0,016)
Índice SJR médio das publicações		−0,037***		−0,056*** (0,016)
Anos desde o término do doutorado (5-10)		−0,037***		−0,056*** (0,016)
Anos desde o término do doutorado (10-15)		−0,037***		−0,056*** (0,016)

P-valores: *p<0,1; **p<0,05; ***p<0,01

Fonte: Banco Interamericano de Desenvolvimento

Do que falamos quando pedimos mais igualdade de gênero?

As bolsas de produtividade são atribuídas a docentes do ensino superior. Antes, portanto, de se pleitear uma bolsa, é preciso olhar para a ocupação de cargos de docência pelas mulheres. Surpreende pouco, diante do que conhecemos sobre o teto de vidro, observar que o número de mulheres cai bastante quando se passa do doutorado à ocupação de cargos de docência estável nas universidades brasileiras. É o que mostra a plataforma sobre a desigualdade de gênero na pós-graduação brasileira, lançada em 2022 pelo Grupo de Estudos Multidisciplinares da Ação Afirmativa (Gemaa)[10]. Os dados foram colhidos junto à Capes e se referem ao período entre 2004 e 2020.

---

[10] Grupo do Instituto de Estudos Sociais e Políticos (Iesp) da Uerj, em parceria com o Instituto Serrapilheira.

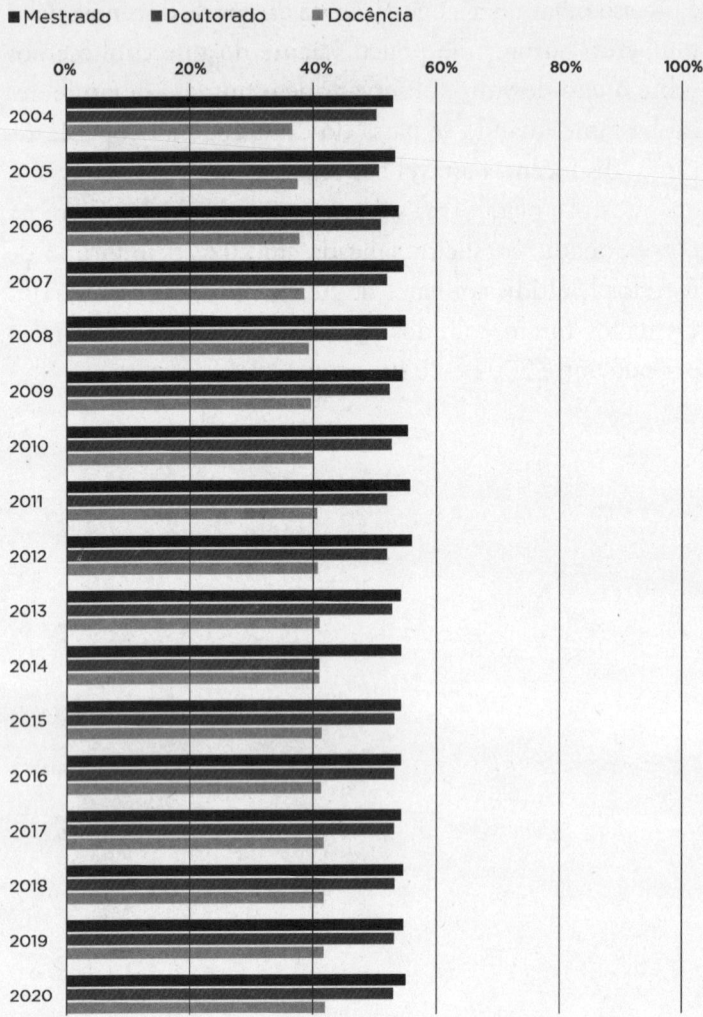

Fonte: Gemaa com dados da Capes

A sub-representação nos níveis mais altos de bolsas de pesquisa e também nas áreas que recebem mais recursos ocorre a despeito de não existir diferença significativa entre na produção acadêmica, como no número de artigos publicados, participação em congressos etc. Esta foi a conclusão a que chegou um grupo de pesquisadores das universidades federais de Santa Catarina, Alagoas e Pernambuco que, em 2021, analisou a distribuição desigual das bolsas PQ por gênero a partir de uma amostra aleatória de 601 bolsistas. No artigo "Gênero e desigualdade na academia brasileira: uma análise a partir dos bolsistas de produtividade em pesquisa do CNPq", Oliveira *et al* (2021) partem da ideia de que os sistemas educativos brasileiros reproduzem desigualdades sociais, não apenas relativas a gênero, mas também de raça e classe, para afirmar que, "para além das normas oficiais, o campo se estrutura também a partir de normas socialmente implícitas que em muitos casos implicam no aprofundamento das desigualdades".

Sato *et al.* (2021) destacam a importância de incorporar aspectos qualitativos (clareza sobre os critérios e suas ordens de prioridade, por exemplo) nas análises dos processos de concessão de financiamentos à pesquisa, considerando especificamente que os processos de revisão por pares podem ser enviesados contra as mulheres. Analisando sistemas de financiamento à pesquisa de países da América do Norte, Europa e Austrália, onde a produção de investigação de alto impacto é considerada central, eles citam a preocupação crescente com componentes subjetivos destas avaliações de revisores, que podem esconder preconceitos individuais e outros sistêmicos da academia. Usam como exemplo para o problema um estudo publicado por Wenneras e Wold na Nature (1997), em que se mostrou possível prever, a partir do gênero dos candidatos, as pontuações de competência em avaliações de bolsas de pós-doutorado no Conselho Sueco de Investigação Médica. Observou-se, na ocasião, que mulheres não apenas recebiam avaliações mais baixas que homens como eram obrigadas a serem 2,5 vezes mais produtivas que o candidato médio do sexo masculino para receberem as mesmas pontuações nas suas avaliações de revisão. O capítulo 3 deste livro descreve o efeito do viés implícito contra mulheres e pessoas negras de maneira detalhada.

O menor acesso de mulheres ao financiamento de suas pesquisas, por sua vez, está intimamente relacionado ao fenômeno do *leaky pipeline* – como é chamada a "perda" de mulheres com o avanço da carreira gerando uma sub-representação feminina em cargos mais altos na carreira, seja acadêmica ou corporativa. Assim, o cenário de baixa representatividade se perpetua, já que sem pesquisas financiadas tais mulheres têm menos oportunidades de trabalho e desenvolvimento de sua carreira.

Em paralelo à baixa representatividade das mulheres em esferas de prestígio da pesquisa acadêmica, discrepâncias acontecem em outras áreas do mercado de trabalho. Uma estimativa levada ao Fórum Econômico Mundial em 2016 é a de que apenas uma mulher consegue emprego em áreas de STEM para cada quatro homens. No campo da Inteligência Artificial (IA), segundo a Unesco, observa-se que, nos 20 países onde há maior concentração de empregados no setor, apenas 22% dos profissionais são mulheres. Uma lacuna em nível global que é ainda piorada quando o cenário é a América Latina e Caribe.

O gráfico da próxima página, extraído de estudo de Roberta Arêas *et al* (2020), mostra a proporção de mulheres e homens no ecossistema científico e tecnológico brasileiro, por posição, em 2020. No último nível, há uma atualização importante e significativa na composição ministerial brasileira: em 2023, Luciana Santos foi a primeira mulher a assumir o cargo de Ministra de Estado da Ciência, Tecnologia e Inovações do Brasil, no governo do presidente Luiz Inácio Lula da Silva.

Mulheres na Ciência

Ocupação de posições no ecossistema científico e tecnológico brasileiro, por sexo, em 2020

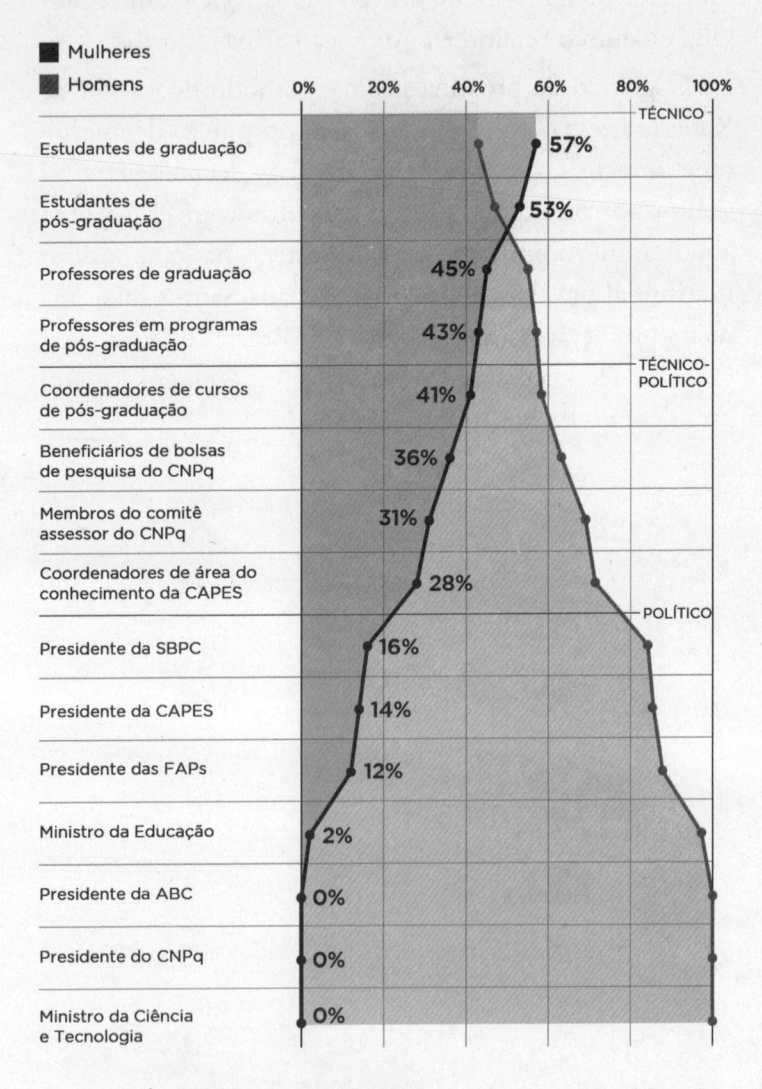

■ Mulheres
■ Homens

Posição	Mulheres
Estudantes de graduação	57%
Estudantes de pós-graduação	53%
Professores de graduação	45%
Professores em programas de pós-graduação	43%
Coordenadores de cursos de pós-graduação	41%
Beneficiários de bolsas de pesquisa do CNPq	36%
Membros do comitê assessor do CNPq	31%
Coordenadores de área do conhecimento da CAPES	28%
Presidente da SBPC	16%
Presidente da CAPES	14%
Presidente das FAPs	12%
Ministro da Educação	2%
Presidente da ABC	0%
Presidente do CNPq	0%
Ministro da Ciência e Tecnologia	0%

TÉCNICO
TÉCNICO-POLÍTICO
POLÍTICO

Fonte: ARÊAS, R. et al. Gender and the scissors graph of Brazilian science: From equality to invisibility

Do que falamos quando pedimos mais igualdade de gênero?

São as próprias mulheres que, dentro da academia, capitaneam a reflexão e a discussão das relações desiguais de gênero no sistema científico. Há diversos Estudos sobre Gênero, Ciências e Tecnologias (EGCT) produzidos ao longo das últimas décadas por pesquisadoras brasileiras, sobretudo a partir dos anos 2000. A maioria deles se concentra no primeiro nível de análise proposto por Londa Schiebinger (2008)[11], ou seja, sobre as barreiras sociológicas e dificuldades históricas responsáveis pela participação insuficiente das mulheres no sistema científico.

Luzinete Minella (2013) analisa a abordagem teórica de estudos de gênero e das teorias feministas para afirmar que "a ciência tem se constituído ao longo do tempo como um campo de disputas no qual se entrelaçam diferentes 'eixos de subordinação'". Para ela, considerar as interseções entre gênero e raça/etnia, além de outros marcadores, é fundamental para ampliar o debate sobre o tema. Na tentativa de mapeamento e orientação temática desta produção, ainda dispersa nos programas de pós-graduação do país, Maria Margaret Lopes, uma das pioneiras no tratamento do assunto no Brasil dentro de uma perspectiva histórica, *et al* (2014) analisam a multiplicidade de estudos de autoras latinoamericanas sobre questões de gênero e a subrepresentação das mulheres nas ciências, em temáticas[12]

---

[11] Londa Schiebinger divide os estudos sobre equidade de gênero nas ciências em três níveis de análise: a participação das mulheres nas ciências, gênero na cultura das ciências e gênero nos resultados das ciências.

[12] As autoras classificam os estudos de Gênero, Ciências e Tecnologias em diferentes linhas de pesquisa: Trajetórias/História de Mulheres em Ciência e Tecnologia; Carreiras de Mulheres em C&T e Política Científica e Tecnológica; Epistemologia/Teorias de gênero e C&T; Construções Científicas/Tecnológicas de Gênero em Saúde, Medicina e Biotecnologia; Educação e GC&T; Divulgação Científica e Mídia: Imagens de Gênero e C&T; TICs e usos da C&T; e Recursos Naturais, Desenvolvimento e Saberes Populares.

que vão da história e contextualização destas práticas de exclusão à reflexão de suas consequências sobre instituições e práticas científicas, apresentados em congressos científicos, para mostrar como estes eventos podem funcionar como importantes espaços de interação e cooperação. Em artigo publicado na revista científica Ártemis em 2015, Carla Cabral também aponta lacunas em relação a abordagens étnicas e raciais na produção de estudos feministas das ciências e tecnologias no Brasil dos últimos 30 anos, cujos temas variariam em eixos sobre "educação em gênero, ciência e tecnologia", "carreiras" e "trajetórias de pesquisadoras".

Não obstante as possibilidades de troca entre pesquisadoras, é notória a ampliação do número de trabalhos sobre a presença de mulheres nas ciências e o aprofundamento da discussão na pós-graduação, em livros, periódicos e eventos científicos. Em 2002, Fanny Tabak, que no fim dos anos 1980 organizou o primeiro Núcleo Acadêmico de Estudos sobre a Mulher na PUC-Rio e já naquela época alertava para a importância da presença de mulheres em carreiras científicas ditas como masculinas, voltou a afirmar o déficit de mulheres nas ciências, apesar da abrangência de conquistas dos movimentos feministas. O mesmo fato foi observado pela pesquisadora Jacqueline Leta (2003), da UFRJ, que chamou atenção, no entanto, para uma mudança potencialmente em curso, com a chegada de mais mulheres às universidades e aos grupos de pesquisa brasileiros. Em 2006, a economista e professora da UFF Hildete Pereira de Melo, uma voz proeminente nas discussões de gênero no país, analisou a intensidade da atividade científica das mulheres e homens e a cooperação existente na produção científica nacional sob o prisma de gênero. No mesmo ano, junto com a pesquisadora Ligia Rodrigues, nos apresentaria o perfil de 19 mulheres cientistas que contribuíram de forma significativa para o desenvolvimento científico do Brasil. O tratamento desigual por gênero na pesquisa acadêmica também foi analisado por Moema de Castro Guedes e mais pesquisadores em estudo de caso das bolsas de produtividade do CNPq (2015). E, ainda para ilustrar a diversidade dos estudos sobre o tema, a pesquisadora e analista do CNPq Betina Stefanello Lima (2017) se aprofundou na reflexão sobre as políticas de equidade na C&T, após ter participado da criação e do acompanhamento do Programa Mulher e Ciência e analisado, em sua dissertação de Mestrado, as dificuldades das pesquisadoras de Física na atuação e ascensão na carreira. Em sua nova análise, que orienta boa parte das informações que daremos mais à frente neste artigo sobre políticas, interessavam a ela, especificamente, as ações do Governo Federal neste campo entre 2005 e 2016, por meio do PMC.

A cultura científica e a suposta vocação para os cuidados

O caminho entre vida privada e vida pública ainda é um problema para as mulheres. As tarefas caseiras, os cuidados e as preocupações com os filhos pesam, até hoje, diferentemente sobre homens e mulheres. Quando esses obstáculos se atenuam é porque outras mulheres, mais pobres e negras, estão trabalhando no cuidado de suas casas.

As tarefas de cuidados sempre foram atribuídas a mulheres como se fossem parte de sua natureza: uma suposta predisposição para a dedicação ao lar e à prole. Não deixa de surpreender, ainda assim, que a divisão entre trabalho afetivo e racional se recoloque no campo das ideias, com algumas áreas do saber vistas como mais femininas do que outras. Essa é a cultura científica que faz com que os cursos universitários e as carreiras científicas relacionadas aos cuidados tenham maior presença de mulheres.

De acordo com dados da Unesco sobre América Latina e Caribe, o percentual de mulheres nas disciplinas relacionadas à educação e bem-estar chega a 70%. O gráfico da próxima página mostra a porcentagem de mulheres no ensino superior por área de estudo:

Do que falamos quando pedimos mais igualdade de gênero?

Porcentagem de mulheres no ensino superior por área de estudo

- Saúde e Bem-estar
- Engenharia, Manufatura e Construção
- Ciências Naturais, Matemática e Estatística
- Tecnologias da informação e comunicação

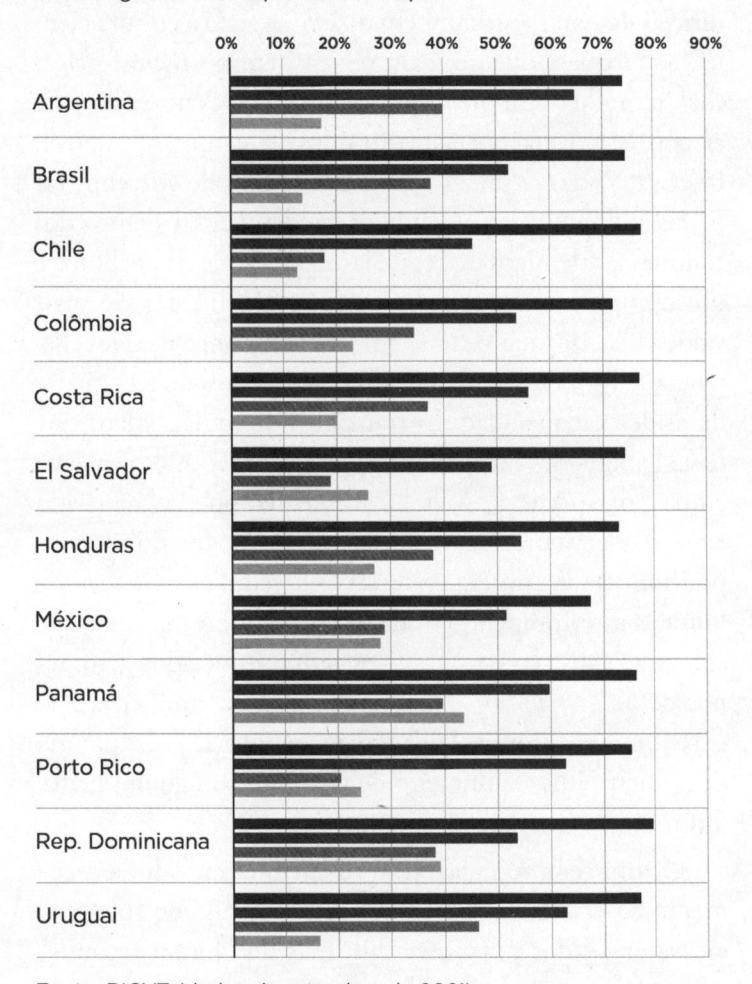

Argentina

Brasil

Chile

Colômbia

Costa Rica

El Salvador

Honduras

México

Panamá

Porto Rico

Rep. Dominicana

Uruguai

Fonte: RICYT (dados de setembro de 2021)

Por que isso acontece? Em primeiro lugar, o exemplo é determinante na escolha de uma carreira. Aquela menina que não costuma ver engenheiras mulheres tende a achar que essa carreira não é para ela, mesmo que vá bem nas áreas de exatas na escola. Além disso, há obstáculos sutis e difíceis de notar, que também dizem respeito à cultura científica. Frequentemente, para se sair bem no meio intelectual, a mulher tem que dominar habilidades normalmente associadas ao macho: não titubear, ser sempre afirmativa, fazer valer suas opiniões com base em tom de voz, mostrar precisão e inteligência acima da média. Pensar dentro dos cânones acadêmicos exige, de fato, uma série de atributos e um treinamento específico. Algumas habilidades são mais valorizadas do que outras, como foco, concentração, distanciamento, enrijecimento do corpo ou resiliência diante da aridez e da solidão do trabalho intelectual. Claro que essas habilidades não são masculinas por definição, menos ainda por nascença. Mas há muito tempo elas têm sido exercidas e valorizadas em espaços de poder dominados por homens. A consequência são reiteradas experiências de homens interrompendo mulheres ou explicando coisas que elas estão cansadas de saber – os agora conhecidos fenômenos de *manterrupting* e *mansplaining*. Que mulher já não se sentiu desconfortável num meio em que além da maioria de homens, impera um jeito de falar, um código implícito, um ritual a ser seguido?

O tom sempre razoável, o discurso embasado, a argumentação erudita e, principalmente, a recusa do subjetivo são valores tidos por universais, mas que foram reconhecidos como atributos do bom cientista em determinado momento da história. O modelo de cientificidade em vigor

Do que falamos quando pedimos mais igualdade de gênero?

implica num compromisso com habilidades que foram se afirmando como elementos essenciais para a prática científica a partir do século XIX. Ao mesmo tempo em que eram excluídas outras dimensões da vida, como a emoção, a intimidade, o desejo e o intempestivo.

Por volta de 1850, o mundo tornou-se matéria para a objetividade, devendo ser observado e descrito da forma mais descomprometida possível, ao mesmo tempo em que a subjetividade foi se restringindo à dimensão privada. A tese é da historiadora da ciência Lorraine Daston, e de seu colega Peter Galison, no livro *Objetividade* (disponível só em inglês, por enquanto). A partir daquele momento, o fazer científico implicou forjar um corpo neutro, tornar-se espelho do mundo, ser capaz de bloquear a vontade irresistível que têm as pessoas de se projetar naquilo que observam. Ser cientista passou a implicar, portanto, submeter-se a um treinamento, a uma disciplina de auto-aniquilação e autocontrole. As técnicas de medida e precisão exigiam esse corpo treinado. Isso significa que não se podia ter intimidade, vontade própria, intuição ou sentimentos? Sim, mas essas características passaram a constituir um campo separado – o da subjetividade. A objetividade surge como delimitação de um âmbito privado e restrito para a subjetividade.

Não há nada de natural na afirmação de que os homens são mais afeitos à vida pública e as mulheres, à casa, à vida privada e aos cuidados. Não há nada de científico na afirmação de que os homens são mais racionais e as mulheres, mais afetivas. Essa divisão serviu – e serve até hoje – para reservar aos homens os lugares de maior poder intelectual. Por isso, é importante lembrar que os atributos da racionalidade científica têm uma história. A objetividade não foi sempre uma condição inerente ao fazer científico. É uma virtude que passou a ser associada ao fazer científico em dado momento da sua história, quando, para refletir o mundo como ele é, o cientista precisava lutar contra um inimigo específico: ele próprio. O sujeito possui vontade própria, logo é acometido por uma tentação irresistível de se projetar fora de si. Como garantir que os fenômenos observados no mundo não estejam maculados por nossa vontade? Como garantir que não estamos vendo apenas o que queremos ver? O olho não vê tudo, ele vê o que quer. Para criar um olho de cientista, portanto, a pessoa precisava ser treinada a ver de outro modo, segundo os critérios de precisão e neutralidade impostos pela objetividade. Virtudes epistêmicas específicas, que estão em jogo na oposição privado/público, são correlatas da clivagem subjetividade/objetividade.

Daston e Galison mostram, de modo surpreendente, que a objetividade implicou em unificar diferentes valores epistêmicos para recalcar a subjetividade – tida como vontade livre, tentação do sujeito a se projetar para fora de si. Por outro lado, era preciso que a subjetividade se constituísse como algo privado, de foro íntimo. A objetividade se afirmava como habilidade para decifrar o mundo; e a subjetividade se voltava para o íntimo. É impossível não perceber o paralelismo com o confinamento das mulheres à vida privada. No *ethos* da objetividade mecânica, é difícil não perceber o incentivo ao trabalho árduo ou os tons masculinos das expressões "desvendar a natureza" ou "homens de ciência", que eram sinônimo de cientistas no século 19.

As mulheres já tinham, nesta época, uma prática intelectual. Mas não ao mesmo título que os homens, não de modo profissional, não era nada sério, no máximo um

Do que falamos quando pedimos mais igualdade de gênero?

passatempo: "A mulher perfeita pratica a literatura como pratica um pecadilho: a título de experiência, de passagem, olhando em torno de si pra ver se alguém a nota e a fim de que alguém a note". (NIETZCHE, 1889)

A Universidade de Cambridge só admitiu uma mulher como membro pleno em 1947. Antes havia mulheres, mas elas só podiam frequentar escolas exclusivas dentro da universidade. Já os rapazes, além de outros tipos de incentivo, usufruíam do apoio das irmãs, que deviam doar seu trabalho — passavam suas camisas e preparavam suas refeições. Virginia Woolf estudou em casa, confinada à vida privada, enquanto seus irmãos iam para Cambridge. Na Inglaterra, havia um fundo financeiro para ajudar os filhos dos chamados "homens cultos" a frequentarem a universidade. Sem poder investir com dinheiro, as mulheres tinham que contribuir com trabalho doméstico para que seus irmãos homens fossem à universidade.

Quando, já escritora, Virginia foi solicitada a assinar um manifesto contra a guerra que incluía uma exaltação da cultura e da liberdade intelectual, mas se recusou a "cerrar fileira com os homens cultos". Ela era educada em casa, confinada à vida privada. Que ideia era essa de cultura e liberdade intelectual construída com o sacrifício das mulheres? "Tudo de grande que havia na Inglaterra tinha sido construído para os homens. As mulheres tinham passado suas camisas, preparado suas refeições e costurado em seu canto para tornar tudo aquilo possível. Por isso, o que parecia impressionante e grandioso, era, ao mesmo tempo, estrangeiro e doloroso", escreveu Virginia, em sua obra *Três Guinéus*.

A história da libertação das mulheres não teve nada de linear. Cada época trouxe sua própria tentativa de dizer que certos atributos – supostamente naturais – tornariam as mulheres mais caseiras, mais afetivas, mais zelosas, mais carinhosas, em suma, mais afeitas à família e aos cuidados. As feministas já mostraram que o trabalho das mulheres sempre foi central para a reprodução da força de trabalho. Além disso, a partir da crítica de feministas negras, como Angela Davis, o terreno da reprodução social foi expandido para incluir a experiência das mulheres negras, desde a escravidão até as políticas racistas do *welfare state*. Elas mostraram que o trabalho e os corpos das mulheres negras foram centrais para o funcionamento de campos importantes da economia.

Na valorização de capacidades afetivas, relacionais e linguísticas, está em jogo um trabalho não pago que as pessoas executam voluntariamente. Atividades não pagas, que são corriqueiras na vida de cada indivíduo, passam a fazer parte da produção; atividades que antes serviam à reprodução da força de trabalho agora são trabalho, pois tornam as pessoas capazes de interagir, comunicar, aprender, evoluir, fazer amigos. Quando a vida em toda a sua extensão adquire uma função tão central no processo de valorização, a produção de subjetividade torna-se um terreno de conflito central.

A invisibilização do trabalho da mulher foi obtida, ao longo da história, por meio de dispositivos extremamente sofisticados. A naturalização foi o mais forte deles. As mulheres trabalham mesmo quando ninguém vê que estão trabalhando. O tema da redação do Enem 2023 foi "os desafios para o enfrentamento da invisibilidade do trabalho de cuidado realizado pela mulher no Brasil". O trabalho doméstico, especialmente aquele relacionado aos cuidados – com a casa, com os filhos e até com o marido, foi incorporado aos costumes como uma dádiva: um trabalho feito por amor. "Mas o que eles chamam de amor, nós chamamos trabalho não remunerado", já dizia Silvia Federici (2019), militante do movimento por salários para o trabalho doméstico.

Podemos falar de uma divisão do trabalho intelectual, assim como já se reconhece há tempos a divisão sexual do trabalho. Essa é a cultura científica que cria obstáculos para as mulheres subirem na carreira ou ocuparem espaços em áreas até hoje reservadas para os homens, como vimos nos dados da seção anterior. Entre as dificuldades encontradas na literatura, estão a conciliação da maternidade e do casamento com a vida profissional, as formas de agir masculinas esperadas no meio acadêmico, a dificuldade de fazer alianças e de ter visibilidade. Nada disso quer dizer que as mulheres não sejam objetivas. E sim que a crença na objetividade como virtude e seu valor no fazer científico foram historicamente construídos ao mesmo tempo em que a ciência se dividia e áreas relativas à descoberta do mundo eram restritas aos homens.

Além de ocupar esses espaços reservados, também precisamos afirmar outras formas de pertencer ao ambiente acadêmico. Como se apropriar de um discurso afetivo para fazer dele um discurso? Não um discurso afetivo, mas um discurso *tout court*. Um tipo de machismo intervém nas questões acadêmicas quando se diz "academicamente não se pode escrever assim", "esse discurso está muito pessoal, muito afetivo". É uma exclusão muito potente, pois produzida pelo bom academicismo. É preciso que consigamos "fazer disso uma história", criar um caso, como sugerem as filósofas belgas Vinciane Despret e Isabelle Stengers. Elas têm um livro fabuloso sobre mulheres na academia: *Les faiseuses d'histoires – que font les femmes à la pensée?*. O título "Faire des histoires" remete a algo como criar caso, dar chilique, criar uma situação. Se uma mulher reclama muito, ouve frequentemente: "não vem de novo criar caso!". Por isso, enunciados como "as mulheres são mais dóceis e delicadas" são perigosos, pois se faz disso uma psicologia e acaba se tornando um modo de dar razão apenas aos que detém a racionalidade.

Eu e a antropóloga Oiara Bonilla entrevistamos as autoras para o primeiro número da Revista DR (Discutir a Relação, https://revistadr.com.br), lançada em março de 2015. Vinciane e Isabelle dizem que os "homens civilizados" afirmam uma racionalidade e um modo de exprimi-la sobre o qual todo mundo deveria estar de acordo. Assim, as pessoas devem se submeter a discursos que só são aceitos quando ditos de um jeito específico. A universidade diz para as mulheres: vocês são bem-vindas, pois este é um espaço democrático, mas desde que não criem problema, não criem caso com essas questões menores. Mas como transformar a universidade e o ambiente acadêmico sem criar caso? Na entrevista, insistimos sobre a relação disso com o fazer político, pois, para vencer tantos obstáculos, não adianta agir individualmente – seremos sempre vítimas ou loucas gritando sozinhas. É preciso um grupo de mulheres que tenha se preparado para fazer uma intervenção neste meio. Só assim, poderemos criar um verdadeiro caso, constituindo, ao mesmo tempo, uma nova relação com o pensamento.

Do que falamos quando pedimos mais igualdade de gênero?

Histórico das políticas para mulheres na ciência

Um dos marcos da discussão sobre as questões de gênero e ciência dirigida à formulação e à implementação de políticas públicas é o documento *Missing Links: Gender Equity in Science and Technology for Development*. Essa publicação foi divulgada em 1995, resultado do trabalho de dois anos do Grupo de Trabalho de Gênero criado pela Comissão das Nações Unidas em Ciência e Tecnologia para o Desenvolvimento. No que diz respeito às políticas públicas, contudo, essas indicações demoraram a ser incorporadas no Brasil.

Em 2003, foi criada a Secretaria de Políticas para as Mulheres e o Conselho Nacional de Direitos da Mulher foi incorporado à secretaria. Seu status igualitário com outros ministérios do Governo Federal foi estratégico, uma vez que os movimentos feministas, que vinham reivindicando políticas mais representativas, passaram a se ver representadas. A I Conferência Nacional de Políticas para as Mulheres aconteceu em 2004, sem que o tema da ciência e tecnologia tenha ganhado destaque. Apenas em 2008, no II Plano de Políticas para as Mulheres, encontra-se a indicação para estimular a participação das mulheres nas áreas científicas e tecnológicas, além de promover a formação das mulheres para o trabalho nessas áreas.

Ainda em 2004, na gestão da ministra Nilcéa Freire, a secretaria iniciou o diálogo com o Ministério da Ciência e Tecnologia. Ela e Eduardo Campos (então ministro de Ciência e Tecnologia) assinaram uma Portaria Interministerial[13] criando um grupo de trabalho para realizar estudos e elaborar

---

[13] MCT/SPM nº 437, de 31 de agosto.

propostas de estruturação e definição de temáticas com vistas à realização de um Seminário Nacional sobre a questão do gênero das universidades federais. Outros órgãos deveriam participar, como a Financiadora de Estudos e Projetos (Finep), o Conselho Nacional de Desenvolvimento Científico e Tecnológico (CNPq), a Associação Nacional dos Dirigentes das Instituições de Ensino Superior (Andifes), a Coordenação de Aperfeiçoamento de Pessoal de Nível Superior (Capes) e a Organização das Nações Unidas para a Educação, a Ciência e a Cultura (Unesco). Sonia Malheiros Miguel coordenou o grupo interministerial e conduziu a gestão do programa até 2011.

A criação do Programa Mulher e Ciência (PMC), em 2005, foi um marco. Podemos dizer que esse programa instaurou a discussão de gênero na política científica. A visibilidade das questões de gênero nas ciências e tecnologias foi um dos ganhos, mas sua criação possibilitou uma série de outras medidas e ações. Como analisa Betina Stefanello Lima (2017), pode-se considerar que, principalmente no CNPq, o PMC foi a "porta de entrada" para inúmeras outras ações na agenda da política científica para a equidade de gênero. Por outro lado, como um ator importante do sistema de ciência e tecnologia, as ações realizadas pelo CNPq têm um caráter multiplicador e serviram de modelo para propostas similares em outros órgãos. O Programa Mulher e Ciência é uma ação que envolve várias áreas do CNPq e vários fatores levaram à sua criação. Todos são analisados em detalhes na tese de Lima. Entre estes fatores, estão a influência da discussão internacional e a atuação de pesquisadoras influentes e de mulheres cientistas, como Elisa Maria Baggio Saitovitch, do Centro Brasileiro de Pesquisas

Do que falamos quando pedimos mais igualdade de gênero?

Físicas (CBPF) e Márcia Barbosa, da Universidade Federal do Rio Grande do Sul (UFRGS). Mas o principal catalisador da ação foi a conjunção de fatores políticos, especialmente a integração entre a SPM e o MCT.

Em 2005, foi lançada a primeira edição do prêmio Construindo a Igualdade de Gênero, e a Chamada de Apoio a Projetos de Pesquisa na temática de Mulheres, Relações de Gênero e Feminismos. No ano subsequente, ocorre o primeiro encontro Pensando Gênero e Ciências. De 2005 a 2016, foram lançadas 11 edições do prêmio. Também nesse período foram realizados dois encontros Pensando Gênero e Ciências, e o Encontro Nacional dos Núcleos e Grupos de Pesquisa de Relações de Gênero, Mulheres e Feminismos.

Com isso tudo, é importante perceber que a questão de gênero demorou para ser inserida nos documentos oficiais do MCT. Nas primeiras Conferências Nacionais de Ciência, Tecnologia e Inovação o tema de gênero não estava presente. Apenas no documento Estratégia Nacional de Ciência, Tecnologia e Inovação (ENCTI, 2012-2015), que é uma consolidação dos debates ocorridos entre 2007 e 2010, a questão é mencionada. O documento reafirma a CT&I como estratégica para o crescimento econômico sustentável e também para a construção de uma sociedade equitativa. Para a inclusão social, é importante que as populações mais vulneráveis se beneficiem dos avanços científicos, como na inclusão digital. Mas não se fala ainda nem uma palavra sobre aumentar a presença de mulheres na ciência. Apenas em 2016, na Estratégia Nacional de Ciência, Tecnologia e Inovação (2016-2019), a questão de gênero é introduzida, como instrumento de planejamento estratégico da política científica, tecnológica e de inovação. Menciona-se que diversos países adotaram mecanismos para impulsionar a implantação de uma política de gênero nas instituições científicas, estimulando a criação de estruturas formais de efetivação dos direitos das mulheres no âmbito de seus sistemas de CT&I. O combate às desigualdades de gênero aparece, então, como uma tendência em destaque.

Garantir e incentivar a participação plena e efetiva das mulheres nas ciências e assegurar a igualdade de oportunidades na área de CT&I apresentam-se como uma forte tendência mundial, com benefícios diretos para a sociedade como um todo. França, Inglaterra e Estados Unidos estão entre os países que implantaram programas de combate à desigualdade de gênero, com foco na redução das disparidades no desenvolvimento da carreira de CT&I e no fomento de pesquisas que incluam a transversalidade da abordagem de gênero. Pesquisas sobre relações de gênero, divisão sexual do trabalho e relações de poder têm sido incentivadas. Um dos resultados históricos dessa transversalidade se reflete na inclusão das mulheres nos testes dos medicamentos em fase de pesquisa. (ENCTI, 2016-2019, p. 58).

Em 2014, foi lançado o projeto Jovens Pesquisadoras – Ciência também é coisa de mulher!, com o objetivo de divulgar o trabalho de jovens cientistas brasileiras, bolsistas de Produtividade em Pesquisa (nível 1) com menos de 40 anos. Esse trabalho foi realizado pela equipe do Programa Mulher e Ciência no CNPq, em colaboração com a professora Hildete Pereira de Melo. A iniciativa de realizar esse trabalho emergiu da constatação do ingresso tardio na bolsa PQ por parte das mulheres. As mulheres têm ingressado na modalidade mais tarde que os homens e esse fator pode contribuir para trajetórias mais lentas na pesquisa. Tanto o projeto das Jovens Pesquisadoras quanto das Pioneiras da Ciência buscam visibilizar o trabalho realizado pelas mulheres na C&T e criar "modelos" que inspirem meninas e jovens para a carreira científica. A primeira edição foi resultado de uma publicação anterior das autoras Hildete Pereira de Melo e Ligia Rodrigues, denominada *Pioneiras da Ciência* (2006).

Em 2015, foi criado o Ministério das Mulheres, da Igualdade Racial, da Juventude e dos Direitos Humanos, em meio à reforma ministerial promovida pelo segundo governo de Dilma Rousseff. O debate estava avançando e buscando incluir também a perspectiva de raça, extremamente necessária em nosso país. Contudo, em maio de 2016, durante o governo interino de Michel Temer, esse ministério foi extinto e a pasta de políticas para as mulheres foi transformada em uma secretaria no âmbito do Ministério da Justiça e Cidadania. Nessa mesma medida provisória, o Ministério da Ciência, Tecnologia e Inovação foi fundido com o Ministério das Comunicações, o que representou um retrocesso na política científica e tecnológica como um todo. Com isso, o Programa Mulher e Ciência também perdeu espaço político.

Em 2016, surge no Brasil o Parent in Science, movimento importantíssimo para mapear o impacto da parentalidade, especialmente da maternidade, na carreira de cientistas. Em 2018, no I Simpósio sobre Maternidade e Ciência, organizado por este grupo, é lançada a campanha Maternidade no Lattes, e é feita uma solicitação formal ao CNPq para a inclusão de um campo, no currículo da plataforma Lattes, para informação de licença-maternidade, de forma que a pausa necessária para os cuidados com filhos recém-nascidos pudesse ser compensada na avaliação de produtividade de mulheres cientistas. Representantes de diversas entidades científicas, como a Sociedade Brasileira para o Progresso da Ciência (SBPC), apoiaram esta iniciativa. Em outubro de 2020, o Parent in Science intensificou a campanha nas redes sociais com cientistas usando camisetas com os nomes de seus filhos. A inclusão da informação no currículo Lattes ainda demorou para se tornar realidade, mas, em abril de 2021, o CNPq finalmente instituiu o campo licença-maternidade na plataforma.

Em paralelo, entidades de fomento à pesquisa, como FAPERJ e FAPERGS, começaram a considerar períodos de licença em seus editais. Inspirados por estes movimentos transformadores, diversos comitês e grupos de trabalhos sobre equidade de gênero institucionais foram criados em universidades, como UFF, UFRJ e UFOP. Em 2019, a UFF foi a primeira universidade no Brasil a dar uma pontuação adicional no currículo para pesquisadoras que haviam se tornado mães, em um edital para obtenção de bolsas de Iniciação Científica.

Algumas ações práticas contemplam a inclusão de mulheres no recorte de diversidade de editais como, por exemplo, o Programa Beatriz Nascimento de Mulheres na Ciência. Lançado em 2024 pelo Ministério da Igualdade Racial, em parceria com os ministérios das Mulheres, dos Povos Indígenas, e da Ciência, Tecnologia e Inovação, e com o apoio do CNPq, o programa oferece bolsas de doutorado sanduíche e pós-doutorado no exterior para pesquisadoras negras, quilombolas, indígenas e ciganas.

A participação de mais mulheres nas ciências também vem sendo tema de debate da Coordenação de Aperfeiçoamento de Pessoal de Nível Superior (Capes) nos últimos anos. Em 2018 foi criado um grupo de trabalho para discussão de equidade de gênero que produziu um importante documento de recomendações, mas este grupo foi descontinuado no governo de Michel Temer – o que, infelizmente, não chega a surpreender. Diante do não desdobramento em ações práticas de um primeiro grupo de trabalho temático, criado em 2018, a Capes tem, mais recentemente, aprofundado esta discussão e há expectativa de retomada da discussão sob a nova presidência de Denise Pires de Carvalho. Em uma parceria com a Dimensions Science, a Capes também instituiu o Prêmio Nova Dimensão, no âmbito do Prêmio Capes de Tese, que premia uma autora da área de Biotecnologia, e o Prêmio Capes Futuras Cientistas, uma parceria com o Centro de Tecnologias Estratégicas do Nordeste (Cetene), que estimula a participação de alunas e professoras da rede pública de ensino em áreas de Ciência, Tecnologia, Engenharia e Matemática.

No Rio de Janeiro, o debate sobre a participação das mulheres nas ciências se manteve aceso durante os anos de retrocesso das políticas federais, que se estenderam de 2016 a 2022. Em fevereiro de 2023, a Fundação de Amparo à Pesquisa do Estado do Rio de Janeiro (Faperj) anunciou a criação da Comissão de Equidade, Diversidade e Inclusão, para discutir e propor políticas e ações de mitigação das desigualdades de gênero e outras desigualdades na ciência do Rio de Janeiro. Com a neurocientista Leticia de Oliveira, co-organizadora deste livro, à frente, a comissão é composta por representantes de universidades e instituições de diferentes áreas do conhecimento, e alinhada aos "Objetivos de Desenvolvimento Sustentável" estabelecidos pelas Nações Unidas (ONU) para até 2030 e ao Programa Planeta 50-50 (2015), sobre equidade de gênero, da ONU Mulher. Apesar do pouco tempo de existência, a comissão já conseguiu avanços importantes, como o lançamento do primeiro edital exclusivo de uma agência de fomento para mães cientistas, em parceria com o Instituto Serrapilheira e o movimento Parent in Science.

Uma iniciativa em escala municipal foi a criação, em 2023, do Prêmio Elisa Frota Pessoa[14], uma parceria da Secretaria Municipal de Ciência e Tecnologia do Rio de Janeiro com o Museu do Amanhã, para laurear trabalhos de alunas de graduação, mestrado ou doutorado das universidades cariocas, nas áreas de Ciências Exatas, Biológicas, Sociais Aplicadas ou Humanas. O prêmio, cuja ideia nasceu de uma conversa com Hildete Pereira de Melo, se inspirou no Programa Mulher e Ciência.

Conclusões

Precisamos ampliar a representatividade das mulheres no sistema existente, ao mesmo tempo em que tentamos construir uma nova cultura científica. Há medidas mais dirigidas ao equilíbrio da vida pessoal e privada, tais como: flexibilidade de carga horária; elaboração de políticas específicas para licenças maternidade; critérios específicos para

---

[14] De forma a aumentar a visibilidade de mulheres importantes na ciência brasileira, o nome do prêmio é uma homenagem à física experimental brasileira Elisa Frota Pessoa, uma das fundadoras do Centro Brasileiro de Pesquisas Físicas e uma das primeiras mulheres a se formar em Física no Brasil, em 1942.

que as tarefas do âmbito familiar não prejudiquem a progressão na carreira; comprometimento com o emprego e a promoção de mulheres em ciência e tecnologia; e políticas contra a discriminação e o assédio no ambiente de trabalho. Além disso, precisamos de redes de mulheres pesquisadoras, programas de apoio e aconselhamento na carreira. Algumas dessas iniciativas já existem, mas ainda precisam receber mais apoio e visibilidade.

Além disso, é fundamental ter mais mulheres em posições de decisão. A área de STEM é especialmente preocupante, pois o futuro e as novas tecnologias se apoiam nessas carreiras. Hoje, a estimativa é de que as mulheres ocupem 70% dos postos de trabalho com alto risco de automação (um exemplo expressivo é o de caixas de supermercado). Esse número cai para 43% em trabalhos com baixo risco de automação, segundo estudo da Unesco. Mais da metade das crianças que entram hoje no ensino fundamental devem trabalhar em empregos que ainda não existem. A estimativa é de uma pesquisa do Fórum Econômico Mundial e comprova as rápidas mudanças no mundo do trabalho. Portanto, as decisões devem levar em conta frequentes vieses de gênero e de raça nas novas tecnologias, o que ainda é bastante incipiente. Um trabalho pioneiro na análise e mitigação deste problema é o da cientista carioca Nina da Hora[15], que vem desbravando o universo da Inteligência

---

[15] Graduada em Ciências da Computação e mestranda em Inteligência Artificial pela Unicamp, Nina da Hora é referência quando se fala em tecnologia responsável e coleciona prêmios como o Ford Foundation Global Fellowship 2024, o Forbes Under 30 e o prêmio Sabia da Universidade de Cambridge. Atualmente, ela ainda incentiva jovens negros a ocuparem o espaço das ciências por meio de projetos como o Computação da Hora, onde ensina conceitos de computação por vídeos simples e gratuitos.

Artificial para discutir temas como o racismo embutido nos algoritmos e a ética das novas tecnologias. "Uma questão-chave para a discussão em torno das tecnologias novas e emergentes é se são neutras", escreve Nina em artigo para o MIT Technology Review Brasil (2022).

Mulheres e pessoas negras ainda são minoria em campos que irão liderar a revolução digital. Nas áreas de tecnologia da informação, computação, física, matemática ou engenharia, o número de formadas e profissionais mulheres é bem menor do que o de homens: 22% de dos profissionais trabalhando com Inteligência Artificial no mundo de hoje são mulheres, como mostrou o relatório World Economic Forum's Global Gender Gap. A mesma defasagem é visível em todos os 20 países com maior concentração de trabalhadores em Inteligência Artificial e é ainda mais elevada na Argentina, no Brasil, na Alemanha e no México.

Com o aumento da longevidade e as novas tecnologias, novos campos de trabalho irão se abrir, especialmente na área de cuidados. Mas há uma probabilidade considerável de que a divisão intelectual do trabalho reserve para as mulheres os postos menos valorizados e com menor impacto político e decisório. Esse quadro preocupa e só mudará com políticas públicas para evitar que as mulheres fiquem – mais uma vez – em desvantagem diante da transformação tecnológica. Para que consigam aproveitar as oportunidades da revolução digital, será preciso criar políticas específicas para que entrem no jogo em igualdade de condições. Porém para que essas conquistas aconteçam de fato, a história mostra que também precisamos de mais mulheres na política.

Referências bibliográficas

ANDERSON, A. et al. *The myth of man the hunter*. Women's contribution to the hunt across ethnographic contexts. Publicado em 28 jun. 2023. Disponível em https://doi.org/10.1371/journal.pone.0287101 Acesso em 3 jun. 2024.

ARÊAS, R. et al. *Gender and the scissors graph of Brazilian science:* From equality to invisibility. Open Sci Framework 2020. Disponível em https://www.researchgate.net/publication/342541642_Gender_and_the_scissors_graph_of_Brazilian_science_from_equality_to_invisibility Acesso em 3 jun. 2024.

BARROS, S. C. V.; SILVA, L. M. C. *Desenvolvimento na carreira de bolsistas produtividade:* uma análise de gênero. Arq. bras. psicol. 2019, vol.71, n.2, pp.68-83. Disponível em http://pepsic.bvsalud.org/scielo.php?script=sci_arttext&pid=S1809-52672019000200006&lng=en&nrm=iso Acesso em 3 jun. 2024.

BID. *Diferenças de gênero no financiamento acadêmico:* evidências do Brasil. Org. PEREDA, P. et al. Mar. 2022. Disponível em https://publications.iadb.org/pt/diferencas-de-genero-no-financiamento-academico-evidencias-do-brasil Acesso em: 3 jun. 2024.

BRASIL. Ministério da Ciência, Tecnologia e Inovação. *Estratégia Nacional de Ciência, Tecnologia e Inovação 2012-2015*. Brasília, 2011.

_____. Ministério da Ciência, Tecnologia e Inovação. *Estratégia Nacional de Ciência, Tecnologia e Inovação 2016-2019*. Brasília, 2016.

_____. Ministério da Ciência, Tecnologia e Inovação. *Portaria MCT nº 437*. Brasília, 17 jul. 2008. Disponível em https://antigo.mctic.gov.br/mctic/opencms/legislacao/portarias/migracao/Portaria_MCT_n_437_de_17072008.html Acesso em: 3 jun 2024.

_____. Secretaria Especial de Políticas para as Mulheres. *II Plano Nacional de Políticas para as Mulheres*. Brasília, 2008.

CABRAL, C. *Os estudos feministas da ciência e da tecnologia no Brasil:* Reflexões sobre estilos e coletivos de pensamento. Revista Ártemis, v. XX, ago-dez 2015, p. 76-91.

CNPQ. Conselho Nacional de Desenvolvimento Científico e Tecnológico. *Painel de Fomento em Ciência, Tecnologia e Inovação.* Brasília, 2023. Disponível em https://www.gov.br/cnpq/pt-br/acesso-a-informacao/dados-abertos/painel-de-fomento-em-ciencia-tecnologia-e-inovacao Acesso em 3 jun. 2024.

_____. Conselho Nacional de Desenvolvimento Científico e Tecnológico. *Painel Lattes.* Brasília, 2023. Disponível em https://www.gov.br/cnpq/pt-br/acesso-a-informacao/dados-abertos/painel-lattes Acesso em 3 jun. 2024.

_____. Conselho Nacional de Desenvolvimento Científico e Tecnológico. *Painel de Chamadas de Bolsas de Produtividade - PQ.* Brasília, 2023. Disponível em https://www.gov.br/cnpq/pt-br/acesso-a-informacao/dados-abertos/painel-de-chamadas-de-bolsas-de-produtividade-pq Acesso em 3 jun. 2024.

DASTON, L.; GALISON, P. *Objectivity.* Zone Books, 2007.

DESPRET, V.; STENGERS. I. *Les faiseuses d'histoires:* que font les femmes à la pensée? Paris: La Découverte, 2011.

FEDERICI, S. *O ponto zero da revolução:* trabalho doméstico, reprodução e luta feminista. Tradução de Coletivo Sycorax. São Paulo: Editora Elefante, 2019.

GEMAA. *Dados de participação das mulheres na ciência.* 2023. Disponível em https://gemaa.iesp.uerj.br/infografico/participacao-de-mulheres-na-ciencia Acesso em: 3 jun. 2024.

GUEDES, M. et al. *A produtividade científica tem sexo?* Um estudo sobre bolsistas de produtividade do CNPq. Cad. Pagu, Campinas, v. 45, p. 367-399, dez. 2015. Disponível em: https://www.scielo.br/j/cpa/a/3PPQWwQPCxGBSm3zXQfnMvD/abstract/?lang=pt Acesso em: 31 mai. 2024.

HARDING, S. *Sciences from Bellow:* Feminisms, postcolonialities, and modernities. Durham, NC, Duke University Press, 2008.

HORA, N. *Não existe tecnologia sem humanidade.* MIT Technology Review Brasil. Publicado em mai. 2022. Disponível em: https://mittechreview.com.br/author/nina-hora/. Acesso em 3 jun. 2024.

IBARRA, A. C. R. et al. *Desafios das mulheres na carreira científica no Brasil:* uma revisão sistemática. Rev. bras. orientac. prof vol.22 no.1 Campinas, jan./jun. 2021 Disponível em http://pepsic.bvsalud.org/scielo.php?script=sci_arttext&pid=S1679-33902021000100002#:~:text=Entre%20eles%2C%20%C3%A9%20poss%C3%ADvel%20citar,contexto%20da%20ci%-C3%AAncia%20no%20Brasil Acesso em: 31 mai. 2024.

LETA, Jacqueline. *As mulheres na ciência brasileira:* crescimento, contraste e um perfil de sucesso. Estudos avançados 17 (49), 2003. Disponível em https://www.scielo.br/j/ea/a/F8MbrypqGsJxTzs6msYFp9m/?lang=pt&format=pdf Acesso em 3 jun. 2024.

LIMA, B. S. *Políticas de equidade de gênero e ciências no Brasil:* avanços e desafios. Campinas, SP: 2017.

_____. *Teto de vidro ou labirinto de cristal?* As margens femininas das ciências. Dissertação (Mestrado em História). Universidade de Brasília, Brasília, 2008. Disponível em: http://www.realp.unb.br/jspui/handle/10482/3714 Acesso em 3 jun. 2024.

LOPES, M. M. et al. *Intersecções e interações:* gênero em ciências e tecnologias na América Latina. In: KREIMER, P. et al (Org.). Perspectivas latinoamericanas en el estudio social de la ciencia, la tecnología y el conocimiento. 1 ed. Ciudad de México: Siglo XXI, 2014. p. 233-243.

MELO, H.P.; LASTRES, H.M.M. *Ciência e tecnologia numa perspectiva de gênero*: o caso do CNPq. Rio de Janeiro, 2004. Disponível em: https://www.ipen.br/biblioteca/cd/sbpc/2003/textos/HildeteMelo%20e%20HLastres.htm

Acesso em: 31 mai. 2024.

MELO, H. P.; OLIVEIRA. André B. *A produção científica brasileira no feminino*. Cadernos Pagu, v. 27, p. 301-331, jul.-dez. 2006.

MELO, H. P.; RODRIGUES, L. M. C. S. *Pioneiras da ciência no Brasil*. Rio de Janeiro: SPBC, 2006.

MINELLA, L. S. *Temáticas prioritárias no campo de gênero e ciências no Brasil:* raça/etnia, uma lacuna? Cad. Pagu, Campinas, n. 40, jun. 2013.

NIETZSCHE, F. *Crepúsculo dos ídolos*. Trad. de Paulo César de Souza. São Paulo: Companhia das Letras, 2006.

OLIVEIRA, A. et al. *Gênero e desigualdade na academia brasileira:* uma análise a partir dos bolsistas de produtividade em pesquisa do CNPq. Configurações – Revista de Ciências Sociais. Out. 2021. Disponível em https://journals.openedition.org/configuracoes/11979 Acesso em: 3 jun. 2024.

ORESKES, N. *Why Trust Science?* Stephen Macedo, Princeton University Press, 2019.

PARENT IN SCIENCE. As Bolsas de Produtividade em Pesquisa: uma Análise do Movimento Parent in Science. Porto Alegre: Parent in Science, 2023. Disponível em: https://www.parentinscience.com/documentos Acesso em: 2 jun. 2024.

ROQUE, T. *As mulheres e a objetividade.* In D'AMARAL, M. T. #AgoraÉQueSãoElas. Rio de Janeiro, O Globo, 2015. Disponível em:

https://oglobo.globo.com/cultura/agoraequesaoelas-17984852. Acesso em: 3 jun. 2024.

_____. Entrevista com Ana Furniel, Flávia Lobato e Roberta Cardoso Cerqueira. Rio de Janeiro, Portal de Periódicos Fiocruz. Disponível em: https://periodicos.fiocruz.br/pt-br/tatiana-roque Acesso em: 3 jun. 2024.

_____. *O dia em que voltamos de Marte*: Uma história da ciência e do poder com pistas para um novo presente. São Paulo, Crítica, 2021.

ROQUE, T.; BONILLA, O. *Entrevista com Isabelle Stengers e Vinciane Despret.* Revista DR, 2015. Disponível em

https://revistadr.com.br/posts/entrevista-com-isabelle-stengers-e-vinciane-despret-2 Acesso em: 3 jun. 2024.

ROSSITER, M. W. *Women scientists in America:* Before affirmative action, 1940- 1972, v.2. Baltimore: Johns Hopkins University Press, 1998.

SATO, S. et al. *The leaky pipeline in research grant peer review and funding decisions:* challenges and future directions. Higher education, 82(1), 145–162, 2021. Disponível em: https://link.springer.com/article/10.1007/s10734-020-00626-y Acesso em: 3 jun. 2024.

SILVA, F. F.; RIBEIRO, P. R. C. *Trajetórias de mulheres na ciência:* "ser cientista" e "ser mulher". Bauru, SP, Ciência & Educação, v. 20, n. 2, p. 449–466, abr. 2014.

SCHIEBINGER, L. *O feminismo mudou a ciência?* Baúru, SP, EDUSC, 2001.

TABAK, F. *O laboratório de Pandora.* Estudos sobre a ciência no feminino. Rio de Janeiro, Garamond, 2002.

_____. Entrevista. É tempo de incentivar a presença das mulheres na ciência. SBPC/Labjor, 2003. Disponível em https://www.comciencia.br/dossies-1-72/entrevistas/mulheres/tabak.htm Acesso em: 3 jun. 2024.

UNESCO. *Uma equação desequilibrada:* Aumentar a participação das mulheres na STEM na Lac. Org: BELLO, A.; ESTÉBANEZ, M. E. Montevidéu, 2022. Disponível em: PolicyPapers-CILAC-Gender-PT.pdf (grial.eu) Acesso em: 3 jun. 2024

UNCSTD. *Missing Links:* Gender equity in science and technology for development. Gender Working Group, 1995.

WENNERAS, C.; WOLD, A. *Nepotism and sexism in peer-review.* Nature, volume 387, pp. 341-343, 1997.

WOOLF, Virginia. *Três guinéus.* São Paulo, Autêntica, 2019.

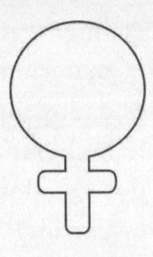

Capítulo 3

Como diminuir as desigualdades de gênero e raça na ciência? Enfrentando o viés implícito socialmente construído

Fátima Smith Erthal, Letícia de Oliveira e Karin da Costa Calaza

Introdução

Nos últimos anos, os editores de uma variedade de revistas científicas renomadas, como Nature e Science, vêm reivindicando a importância do combate ao racismo e sexismo na ciência. "Science has a racism problem", afirma o editorial da importante revista Cell (EDGE, 2020). Especialmente após a pandemia da Covid-19, várias evidências sugerem que as desigualdades de gênero e raça se ampliaram (COLLINS *et al*, 2020; MYERS *et al*, 2020; STANISCUASKI *et al*, 2020). Por exemplo, Staniscuaski *et al* (2020), analisando a produtividade acadêmica, mostraram que os acadêmicos do sexo masculino – especialmente os sem filhos – foram o grupo menos afetado pela pandemia. Em contraste, acadêmicas do sexo feminino, especialmente mães e mulheres negras (independentemente da maternidade), foram os grupos mais afetados. Esses dados foram corroborados por Myers *et al* (2020), que avaliaram o tempo dedicado à pesquisa de cientistas dos Estados Unidos e da Europa durante a pandemia de Covid-19. O estudo demonstrou que mulheres cientistas, especialmente com filhos pequenos, foram o grupo mais afetado, demonstrando um efeito aditivo de gênero e maternidade. Finalmente, o número de novos projetos iniciados pós-pandemia também foi significativamente menor para mulheres, especialmente as com filhos menores de 5 anos (GAO *et al*, 2021). Um estudo usando uma ferramenta criada para possibilitar análises de produtividade baseada em gênero (KWON *et al*, 2023) mostrou que houve um decréscimo de publicação de artigos por mulheres na primeira e última autoria entre 2016 e 2020 (KWON *et al*, 2023). Além disso, apesar da produtividade ter caído de uma forma geral, os autores também encontraram uma queda mais acentuada na produção de mulheres de países com maior desigualdade de gênero.

Embora a luta contra o racismo e o sexismo na ciência envolva vários fatores, o viés implícito socialmente construído pode ser um componente-chave nessa luta. "Viés implícito" é um conceito que pode ser compreendido como informações (ou memórias) ativadas automaticamente, sem que percebamos, e que podem moldar e guiar nossas impressões, julgamentos, sentimentos e ações (BARGH *et al*, 1996; BARGH e CHARTRAND, 1999; GREENWALD e BANAJI, 1995; GREENWALD e KRIEGER, 2006; ABBATE *et al*, 2013). Estão fora do acesso consciente e não respeitam os princípios da imparcialidade. Enquanto os vieses explícitos são atribuições conscientes acessíveis por meio da introspecção, os vieses implícitos não são conscientemente atingíveis de maneira fácil. Sob a influência do viés implícito, o julgamento ou avaliação de uma pessoa ou um grupo estigmatizado podem ser injustos, influenciados pelo viés preconceituoso sobre uma determinada característica desta pessoa. Na esfera acadêmica, o viés implícito (inconsciente ou não percebido) está geralmente associado a estereótipos sociais de indivíduos estigmatizados como intelectualmente limitados ou incapazes.

O viés implícito pode estar associado à raça, etnia, religião, gênero, orientação sexual, peso, deficiência física ou intelectual, entre outros (GREENWALD e KRIEGER, 2006; STAATS *et al*, 2015). Vale esclarecer que um estereótipo social é uma associação mental entre um grupo ou categoria social com uma característica ou traço que pode ou não ser favorável (GREENWALD e KRIEGER, 2006). Em outras palavras, os estereótipos são crenças socialmente construídas que não refletem necessariamente a realidade (GREENWALD e BANAJI, 1995; ALLPORT, 1954; ASHMORE e DELBOCA, 1981). Essa construção social, determinada pela cultura e pela distribuição desigual de recursos e poder em uma sociedade, tem influências substanciais nas avaliações e julgamentos de indivíduos ou grupos, na ausência de qualquer percepção consciente (STAATS *et al*, 2015; STORAGE *et al*, 2016). Estereótipos transmitidos repetida e imperceptivelmente por vários canais de informação induzem crenças implícitas que serão usadas para organizar, categorizar socialmente o mundo e fornecer justificativas para desigualdades arraigadas (GAUCHER *et al*, 2011; KANG *et al*, 2012; KUO *et al*, 2016; GALVÉZ *et al*, 2019; RIVERA e TILCSIK, 2019; SMITH *et al*, 2019). Embora tenhamos tido um avanço com relação a direitos e ao papel da mulher na sociedade nas últimas décadas, o viés de gênero ainda está muito presente. Mulheres ainda são percebidas como mais afetuosas, porém incompetentes (HAINES *et al*, 2016), e ainda são descritas como mais cuidadosas e emotivas em vez de competentes e inteligentes (GARG *et al*, 2018). Essa associação implícita é mais prevalente do que o viés explícito, o que significa que mesmo as pessoas que conscientemente acreditam e defendem os princípios de justiça e não discriminação podem ter vieses implícitos que afetam seu julgamento, ainda que não percebam (STAATS *et al*, 2014). É possível que o viés implícito seja um melhor preditor de comportamentos do que o viés explícito (BARGH e CHARTRAND, 1999; ZIEGERT e HANGES, 2005). Porém, a discriminação de gênero é aumentada quando pessoas que acreditam explicitamente nos estereótipos se assumem como objetivos e racionais (UHLMANN *et al*, 2007). Além disso, o viés implícito pode também ser afetado pelas crenças explícitas. RÉGNER *et al* (2019) mostraram que comitês de cientistas empregaram significativamente menos mulheres, para cargos de cientistas de elite, se o viés implícito de gênero (associação grande entre ciência-homem no IAT) era acompanhado da crença que mulheres não enfrentam barreiras sociais externas (preconceito de gênero, alta carga de trabalho de cuidado doméstico e familiar…). Este resultado foi diferente para os comitês que acreditavam nas barreiras sociais de gênero, pois houve menos viés contra mulheres nas seleções. Assim, viés implícito e explícito parecem se somar nos prejuízos que diferentes grupos sociais sofrem.

Para tentar acessar o viés implícito, a equipe dos pesquisadores Tony Greenwald (University of Washington), Mahzarin Banaji (Harvard University) e Brian Nosek (University of Virginia) criaram o Projeto Implícito[1] em 1998. Eles elaboraram o Teste de Associação Implícita (*Implicit Association Test* – IAT), capaz de revelar as associações implícitas negativas para vários grupos sociais, como, por exemplo, entre raça e palavras negativas ou entre gênero e liderança. O IAT mede o poder das associações entre grupos estereotipados (por exemplo, pessoas negras, LGBTQIA+, mulheres) e aspectos/fatores estereotipados (por exemplo, mulheres e ciência versus homens e ciência). A ideia principal é que uma resposta mais rápida ocorre quando os itens relacionados, congruentes com o estereótipo, estão associados ao mesmo tipo de resposta durante o teste (meninos e matemática, por exemplo). Existem muitos testes IAT disponíveis para estereótipos diferentes, que permitem o exame de uma variedade de associações implícitas.

Viés implícito de gênero

Em primeiro lugar, é importante entender como os vieses implícitos estão associados com os estereótipos implícitos e como estes constructos agravam as desigualdades. Os estereótipos implícitos negativos são moldados pelas vivências em sociedade e baseados em associações implícitas (automáticas) aprendidas entre determinadas características culturalmente construídas e grupos sociais específicos. Assim, características como inteligência são associadas a um determinado grupo social e não a outro, de modo que os indivíduos expostos a um determinado contexto cultural aprendem, sem que tenham consciência disso, que um determinado grupo social (por exemplo homens) seria mais inteligente do que outro (no caso, mulheres). Importante enfatizar que esta associação não reflete a realidade, sendo formada a partir de estereótipos culturalmente construídos e repetidos ao longo do tempo. Este tipo de associação implícita acaba por influenciar negativamente o julgamento de membros de grupos estigmatizados (GREENWALD e BANAJI, 1995).

A presença de estereótipos de gênero implícitos, associando características de brilhantismo e inteligência excepcionais ao gênero masculino, parece começar cedo na vida. No estudo de BIAN *et al* (2017), crianças de 5 a 7 anos ouviram um texto que descrevia uma pessoa brilhante. Em seguida, as crianças viram fotos de rostos de mulheres e homens e tiveram que indicar quem era o personagem da história. Entre as crianças de cinco anos, meninos e meninas escolheram fotos do próprio gênero como sendo a pessoa descrita como brilhante. Porém, a partir dos 6 anos, as meninas passaram a escolher mais uma pessoa do gênero masculino como sendo a pessoa brilhante, enquanto os meninos continuavam a indicar as fotos de seu próprio gênero como o personagem brilhante da história. Considerando que as crianças nessa idade geralmente apresentam conceitos positivos em relação aos seus próprios grupos (por exemplo, o mesmo sexo), este resultado sugere que as consequências do estereótipo de que o brilhantismo é uma característica masculina aparece muito cedo e já afeta as meninas a partir de 6 anos (BIAN *et al*, 2017).

No mesmo estudo, os pesquisadores apresentaram um jogo para meninas e meninos. Porém, enquanto as regras do jogo eram explicadas, a um grupo de crianças o jogo era apresentado como sendo voltado para crianças muito brilhantes; para outro grupo o mesmo jogo era apresentado como sendo voltado para crianças muito esforçadas. Ao serem perguntados se gostariam de jogar, os meninos se interessavam significativamente mais pelo jogo descrito como para crianças brilhantes, enquanto as meninas apresentavam maior interesse pelo jogo descrito como sendo para crianças muito esforçadas (BIAN *et al*, 2017). É interessante notar que apesar de ser o mesmo jogo, a escolha de meninos e meninas foi influenciada pela descrição do jogo ligada a estereótipos de brilhantismo associados a gênero, ainda em uma idade muito precoce. Um outro estudo avaliou a percepção do próprio desempenho dos estudantes, majoritariamente dos cursos de engenharia e física, que realizaram as disciplinas de física 1 e 2 na Universidade de Pittsburgh (MARSHMAN *et al*, 2018). As alunas que tiraram grau "A" tinham uma autoavaliação de desempenho similar aos alunos que tiraram nota "C". Esses estudos mostram que as meninas/mulheres apresentam baixa percepção de autoeficácia, ainda que tenham alto desempenho em disciplinas da área de exatas, onde há grande estigmatização negativa do gênero feminino.

Curiosamente, um estudo mostrou que as diferenças entre países no que se refere ao sucesso em ciências e matemática e gênero estão associadas a diferenças nos estereótipos implícitos de gênero e ciência. Especificamente, quanto mais forte a associação implícita dos cidadãos de um país entre "homens" com "ciência" e "mulheres" com "artes", maior a diferença no desempenho em provas de ciências entre adolescentes do sexo masculino e feminino da oitava série (NOSEK *et al*, 2007). Na idade adulta, há evidências de que o viés implícito atua de forma incisiva, prejudicando as mulheres. Em um estudo comportamental, docentes universitários (homens e mulheres) analisaram um currículo fictício, construído pelos experimentadores, para um cargo de gerente de laboratório (*lab manager*). O currículo "falso", distribuído para os (as) docentes, era exatamente o mesmo, com apenas uma diferença: para um grupo de avaliadores (as), o nome do candidato era masculino e para outro grupo o nome era feminino. Foi observado que os (as) avaliadores (as) classificaram o currículo do candidato com um nome masculino com maiores notas para competência, empregabilidade e merecedor de salários significativamente mais altos (MOSS-RACUSIN *et al*, 2012). Na mesma linha, REUBEN *et al* (2014) realizaram um estudo em que participantes (homens e mulheres), voluntários numa pesquisa, seriam recompensados por "contratar" um bom candidato para a realização de testes matemáticos. As candidatas mulheres foram sistematicamente menos escolhidas do que os homens em todas as três condições experimentais testadas: (a) quando a escolha se baseava apenas na aparência física (sem informação sobre o desempenho em testes de matemática anteriores); (b) após os (as) candidatos (as) relatarem suas habilidades matemáticas; e (c) com informações sobre o desempenho em um teste de matemática anterior. Curiosamente, nesta última condição experimental, o viés implícito demonstra claramente a força de seu efeito, uma vez que os "empregadores" preferiram escolher homens com baixo desempenho em matemática a mulheres com melhor desempenho. Os autores também descrevem que na condição (b), quando os participantes podiam falar sobre suas habilidades, os candidatos homens superestimavam suas habilidades matemáticas, enquanto as mulheres faziam o contrário. Cabe ressaltar que quanto maior o viés implícito contra mulheres na matemática, avaliado com o IAT, maior o viés para "contratar" homens em vez de mulheres, reforçando a associação entre o viés implícito e o julgamento explícito de pessoas pertencentes a grupos estigmatizados.

A presença desse viés implícito contra as mulheres prejudica consideravelmente o desenvolvimento de suas carreiras científicas. Apenas 18,1% dos artigos publicados em revistas de alto impacto (revistas de pesquisa como a Nature) têm mulheres como autoras sêniores (como última autora do artigo, que representa uma posição de destaque), e quanto maior o índice de impacto da revista, menor o número de mulheres como autor principal (primeira autora do artigo – BENDELS *et al*, 2018). Além disso, artigos com mulheres como autora principal são menos citados em outros artigos científicos (LARIVIÈRE *et al*, 2013). Recentemente, DWORKIN *et al* (2020), analisando revistas científicas de neurociência de alto impacto, descobriram que os artigos com primeira e última autoria de homens são citados 11,6% vezes mais do que o esperado, dada a proporção de tais artigos na área, e os artigos com primeira e última autoria de mulheres são citados 30,2% menos que o esperado, levando em conta a relevância do estudo. Ross *et al* (2022) fizeram uma análise extensa de dados e mostraram que as mulheres têm menor chance de terem seu trabalho reconhecido e serem incluídas como autoras em artigos ou patentes. É importante ressaltar que o processo de revisão de artigos científicos por pares também é impactado. Budden *et al* (2008) demonstraram que em uma revista científica que passou a fazer a revisão dos artigos de forma anônima ("duplo-cego", ou seja, os revisores não sabem a identidade dos autores e vice-versa), houve o aumento no número de artigos publicados com mulheres na primeira autoria em comparação com outras revistas da área e com a mesma revista no período em que a revisão não era anônima, evidenciando o impacto do viés implícito neste processo (BUDEEN *et al*, 2008). Assim, esse é mais um estudo que sugere que a revisão aberta aumenta a possibilidade de viés que prejudica a publicação das mulheres. Mulheres com o mesmo número de publicações e com o mesmo impacto de publicação que os homens têm menos probabilidade de se tornarem líderes de pesquisa (VAN DIJK *et al*, 2014). Além disso, as cartas de recomendação escritas para mulheres apresentam significativamente menos adjetivos que representam inteligência e brilhantismo (DUTT *et al*, 2016; KUO, 2016[2]).

Em termos de financiamento de pesquisas, os efeitos do viés implícito contra as mulheres também são significativos. Um estudo baseado em dados de uma agência de financiamento sueca, já citado no capítulo 2 deste livro, relatou que as mulheres precisavam publicar 2,5 vezes mais que os homens para obter a mesma pontuação de competência científica (WOLD e WENNERAS, 1997). Cabe ressaltar que a avaliação de competência era feita com base no currículo dos candidatos e, portanto, a partir de dados objetivos. Ainda assim, o gênero do candidato influenciou significativamente a avaliação dos currículos. Mais recentemente, um estudo baseado no financiamento fornecido pelo NIH (uma importante agência de financiamento de pesquisa dos EUA e uma das maiores do mundo) revelou que os homens obtêm mais renovação de financiamento do que as mulheres (POHLHAUS *et al*, 2011). Um estudo holandês não mostrou diferença entre homens e mulheres na qualidade da proposta / projeto de pesquisa submetido a editais de financiamento. No entanto, as mulheres foram menos contempladas com financiamento devido às pontuações mais baixas na "qualidade do pesquisador" (VAN DER LEE e ELLEMERS, 2015). Na mesma linha, um estudo canadense mostrou que a lacuna de financiamento é gerada por uma visão desfavorável das mulheres como líderes científicas e não com base na qualidade de seus estudos (WITTEMAN *et al*, 2019). É importante destacar que, quando os comitês de avaliação das agências de financiamento estão cientes do preconceito de gênero contra as mulheres, a perda de financiamento para elas é menos provável de acontecer (RÉGNER *et al*, 2019). Assim, fica claro que o viés implícito baseado nos estereótipos implícitos de gênero construídos socialmente representam fortes barreiras "invisíveis" que afetam negativamente as carreiras das mulheres de forma injusta e independente do mérito (para uma revisão sobre o tema, ver CHARLESWORTH e BANAJI, 2019). Assim, há a necessidade de reflexão sobre as métricas estabelecidas que não levem em consideração todos os desafios enfrentados por indivíduos pertencentes a grupos estigmatizados. Finalmente, fica nítido que os estereótipos implícitos fragilizam a avaliação de mérito de um indivíduo que pertence a grupos sociais estigmatizados

– como mulheres, pessoas negras, trans, pessoas com deficiência, entre outros grupos –, prejudicando-os.

Viés implícito racial

Na seção anterior, foram discutidos estudos relativos a estereótipos de gênero. Entretanto, há uma literatura expressiva que descreve o viés implícito de julgamento contra raça e o *status* socioeconômico. Por exemplo, nos EUA, currículos fictícios com nomes culturalmente associados a pessoas brancas recebem 50% mais chamadas de retorno para entrevistas de emprego do que currículos com nomes afro-americanos (BERTRAND e MULLAINATHAN, 2004). Em um estudo recente e interessante, Eaton *et al* (2020) elaboraram um projeto experimental no qual pesquisadores de universidades dos Estados Unidos foram solicitados a avaliar currículos idênticos, retratando um hipotético doutorando se candidatando a uma posição de pós-doutorado em sua área. Eles deveriam classificá-los por competência, empregabilidade e simpatia. O nome do candidato no currículo foi usado para manipular raça (asiático, negro, latino e branco) e gênero (feminino ou masculino), com todos os outros aspectos do currículo sendo iguais em todas as condições. Eles encontraram uma interação entre gênero e raça do candidato. Mulheres negras e mulheres e homens latinos foram classificados como os mais baixos em empregabilidade em comparação com todos os outros grupos. Este resultado sugeriu o efeito robusto da combinação de viés de gênero e raça.

Além disso, Jaxon *et al* (2019) demonstraram que a associação do brilhantismo com o gênero masculino pode depender da raça. Este estudo interseccional mostrou que crianças associam brilhantismo a homens brancos, mas não a homens negros (JAXON *et al*, 2019). Storage *et al* (2016) avaliaram a frequência com que estudantes universitários comentavam se seus professores eram "brilhantes" ou "gênios" em resenhas de cursos em um site popular (*RateMyProfessor.com*). Eles mostraram que campos em que "brilhante" e "gênio" apareceram com mais frequência também tinham menos probabilidade de ter PhDs afro-americanos. Essa evidência indica um forte viés racial que ajuda a explicar, por exemplo, a porcentagem extremamente baixa de PhDs e pesquisadores permanentes afro-americanos nas áreas de Ciência, Tecnologia, Engenharia e Tecnologia (*Science, technology, engineering, and technology* – STEM – NATIONAL SCIENCE FOUNDATION, 2015; BERNARD e COOPERDOCK, 2018). Vale ressaltar ainda a contribuição das experiências negativas no local de trabalho para a sub-representação feminina na área de STEM. É bem descrito que mulheres, e em maior proporção as negras, correspondem ao grupo mais afetado por microagressões e assédio (ONG *et al*, 2011; CLANCY *et al*, 2017; MCGEE e BENTLEY, 2017). É importante notar que mulheres durante os estágios iniciais da carreira (graduação, pós-graduação, pós--doutorado) relataram ainda mais microagressões e assédio do que funcionárias ou cientistas seniores, provavelmente impactando mais os chamados *leaks in the pipeline* em mulheres que homens (CLANCY *et al*, 2017).

Além disto, o viés implícito impacta muitas outras áreas, como a atuação de profissionais da saúde. Um viés maior pró-branco (medido usando o IAT, um teste de associação implícito de "branco" com "bom", por exemplo) foi associado a uma maior inclinação para prescrever analgésicos para crianças brancas que negras (SABIN e GREENWALD, 2012). Baron *et al* (2006), também usando uma adaptação do IAT para medir o preconceito racial em crianças, mostraram que o preconceito racial implícito negativo se desenvolve cedo na vida de crianças brancas. Os autores também observaram que as crenças explícitas sobre raça se tornaram mais igualitárias com o tempo, mas o preconceito racial implícito permaneceu inalterado.

O viés implícito também está associado a uma diminuição na probabilidade de negros receberem tratamento médico na sala de emergência (GREEN *et al*, 2007; CHAPMAN *et al*, 2013). Nessa mesma linha, pacientes negros têm menos chances de receber prescrições de analgésicos em salas de emergência do que pacientes brancos (HEINS *et al*, 2006). Vários outros grupos que estudam o viés por meio de vinhetas mostraram decisões desfavoráveis contra os negros, em comparação com pacientes brancos com os mesmos sintomas / história, em intervenções clínicas ou tratamentos (FITZGERALD e HURST, 2017; HALL *et al*, 2015).

O viés de avaliação também se mostrou relacionado a fatores socioeconômicos, conforme demonstrado por Darley e Gross (1983). Em seu trabalho, um grupo de participantes avaliou o desempenho de uma criança em vários testes cognitivos como acima da média, quando previamente apresentado a pistas implícitas de que a criança pertencia a uma família de alta renda. No entanto, outro grupo julgou o desempenho da mesma criança nos mesmos testes como abaixo da média quando exposto a pistas implícitas de que a criança pertencia a uma família de baixa renda. Assim, as discussões sobre preconceitos e estereótipos implícitos e seus efeitos prejudiciais são imperativas na ciência e devem considerar as interseções entre gênero, raça e *status* socioeconômico.

Ameaça pelo estereótipo

Outra consequência prejudicial do estigma cultural de baixo desempenho em tarefas cognitivas atribuídas sem fundamento a mulheres, negros e pessoas com baixo nível socioeconômico é a ameaça pelo estereótipo. Este é um fenômeno psicológico no qual as pessoas se sentem em risco de confirmar um estereótipo negativo sobre seu grupo social (STEELE e ARONSON, 1995) e foi sugerido como um componente-chave para diferenças raciais e de gênero de longa data no desempenho acadêmico (OSBORNE, 2001; GILOVICH *et al*, 2006). A ameaça pelo estereótipo faz com que uma pessoa se sinta excluída de ambientes em que ela pode ser julgada com base em um determinado estigma (por exemplo, de baixa inteligência), frequentemente atribuído ao grupo social do qual faz parte. A percepção de exclusão gera altos níveis de estresse psicológico e ansiedade, prejudicando o desempenho. Para os seres humanos, a sensação de exclusão é extremamente alarmante, tendo em vista sua natureza altamente social. De fato, diversos trabalhos do grupo de Tomasello e Warneken (e.g. TOMASELLO, 2014; WARNEKEN e TOMASELLO, 2006; 2009) defendem a ideia dos humanos como uma espécie ultrassocial. Sob esta perspectiva, humanos têm uma motivação constante para formar e manter, mesmo em quantidade mínima, relações interpessoais duradouras, positivas e significativas (BAUMEISTER e LEARY, 1995). Assim, a exclusão social é alarmante, angustiante e dolorosa para os humanos. Estudos indicam, inclusive, que a dor da exclusão social compartilha os mesmos substratos neurais da dor física (KROSS *et al*, 2011; EISENBERGER, 2012). Em situações de risco de exclusão, as mesmas redes ativadas pela dor física seriam ativadas, disparando comportamentos voltados para a preservação, tais como direcionamento da atenção, motivação de comportamentos defensivos e piora no desempenho de tarefas cognitivas.

A ameaça pelo estereótipo também reduz a capacidade da memória de trabalho (SCHMADER e JOHNS, 2003; RYDELL *et al*, 2009), que é extremamente importante para um bom desempenho nas tarefas. Essa memória de trabalho é desviada da tarefa corrente para lidar com a ameaça de exclusão social, relacionada à sobrevivência (SCHMADER e JOHNS, 2003). Portanto, não é surpreendente que o estresse da ameaça pelo estereótipo leve a uma redução no desempenho. Estudos nesta área mostraram que os participantes que realizaram uma tarefa projetada para ativar estereótipos tiveram pior desempenho (PENNINGTON *et al*, 2016). Nos estudos seminais de Claude Steele e Joshua Aronson (1995), os autores mostraram que estudantes afrodescendentes se saíram pior, em comparação com os universitários europeus e americanos, em uma tarefa verbal sob condição experimental de ameaça pelo estereótipo, descrita como um "diagnóstico de habilidade intelectual". Na condição de ameaça não estereotipada, na qual o teste foi descrito como "uma tarefa de resolução de problemas de laboratório que não era diagnóstica de capacidade", os participantes negros e brancos tiveram o mesmo desempenho.

Usando um paradigma semelhante na França, Croizet e Claire (1998) estenderam o efeito da ameaça pelo estereótipo sobre o desempenho para baixo *status* socioeconômico. Estudantes de graduação com baixo nível socioeconômico tiveram desempenho significativamente pior na "condição diagnóstica" do que aqueles com *status* semelhante na "condição não diagnóstica"; e pior do que estudantes com alto nível socioeconômico, em ambas as condições. Além disso, Desert *et al* (2009) adaptaram o paradigma para testar o efeito da ameaça pelo estereótipo em crianças (6-9 anos) de condição socioeconômica baixa. Os autores constataram que o comprometimento já estava presente, mas apenas quando as crianças atuavam na condição diagnóstica.

Jairo e França (2022) mostraram que adolescentes de escolas públicas brasileiras associam profissões de alto *status* social com pessoas brancas e as de baixo *status* social com pessoas negras. Esses resultados sugerem que a escolha das profissões pode estar sendo afetada pela falta de identificação, sensação de pertencimento e até pela ameaça pelo estereótipo em profissões de renomadas. Jovens negros (as) enfrentam muitos outros obstáculos, como, por exemplo, práticas contaminadas por viés implícito racial negativo por docentes nas escolas (ZIMMERMANN e KAO, 2020). O que geraria um ciclo vicioso no processo de geração e manutenção das desigualdades sociais. O ambiente também parece ser um fator importante nessa escolha. Um estudo criou fotos de "sala de aula" com manipulação da decoração que apresentava objetos tidos como mais estereotipados (itens dos filmes "Star Wars" e "Star trek", eletrônicos, livros de computadores etc.) ou não-estereotipados (fotos de natureza, quadros, garrafa de água etc.) (MASTER *et al*, 2016). Após validação por estudantes da mesma faixa etária dessas fotos como reforçando estereótipos ou não, elas foram utilizadas para avaliar o interesse de alunas a fazer um curso de computação. Alunas demonstravam significativamente mais interesse em realizar o curso quando se apresentava a fotografia sem estereótipos. Para os alunos não houve diferença.

Dar-Nimrod e Heine (2006) realizaram um experimento com mulheres que realizavam duas provas de matemática separadas pela leitura de um texto. Em seguida, elas realizavam uma segunda prova de matemática, após ler um texto cujo conteúdo: 1) afirmava que não há diferenças de gênero na performance de matemática; 2) argumentava que a diferença de gênero na performance de matemática depende de características genéticas ou 3) que a diferença se dá pela experiência; 4) discutia sobre o papel dos corpos das mulheres nas artes. Esse estudo concluiu que a performance das mulheres no segundo teste de matemática era significativamente pior após terem lido os textos que geravam ameaça por estereótipo, ou seja, o texto que argumentava sobre a teoria genética que explicaria as diferenças de gênero e o texto sobre os corpos das mulheres na arte (uma forma de chamar atenção para o papel estigmatizado da mulher nas artes). Esses dados demonstram nitidamente a força do estereótipo implícito no desempenho das mulheres. Cabe chamar atenção para que o texto sobre diferenças genéticas não afirmava categoricamente que mulheres eram piores em matemática, e sim que havia uma diferença genética associada ao gênero. Entretanto, esta informação foi suficiente para salientar um estereótipo negativo de mulheres em matemática fortemente difundido na sociedade.

Outro estudo importante mostrou que a ameaça pelo estereótipo surge cedo nas crianças (AMBADY *et al*, 2001). Neste estudo, meninas estadunidenses de origem asiática, de 5 a 7 anos, faziam um teste de matemática, adaptado para a idade, após colorir um desenho. Aquelas que coloriam um desenho de uma menina brincando de boneca tinham desempenho piorado em comparação a meninas que pintavam um desenho de paisagem. Por outro lado, meninas que pintavam um desenho de crianças asiáticas comendo com hashi (ativação de um estereótipo positivo da etnia asiática em matemática) apresentavam melhor desempenho do que as que coloriram as paisagens, mostrando que a performance pode ser melhorada por estereótipos positivos (SPENCER *et al*, 2016). É interessante ressaltar que a queda no desempenho pode aparecer a partir de pistas sutis, tais como numa situação na qual o indivíduo do grupo estigmatizado esteja em minoria (INZLICHT e BEN-ZEEV, 2000). Esse estudo mostrou que simplesmente por estarem em minoria, graduandas que faziam um teste de matemática (1 aluna com 3 alunos) apresentaram desempenho significativamente pior do que aquelas que realizavam o mesmo teste num ambiente apenas com estudantes do mesmo sexo. Estes resultados chamam atenção para a necessidade de se observar, especialmente em processos seletivos, a diversidade das bancas avaliadoras, assim como a importância da diversidade em ambientes acadêmicos, empresas e outros locais, como forma de não prejudicar o desempenho de pessoas de grupos estigmatizados, removendo pistas que poderiam evocar a ameaça por estereótipo nestes indivíduos.

Johns *et al* (2005) realizaram um estudo no qual homens e mulheres completaram difíceis problemas de matemática descritos como uma tarefa de resolução de problemas "para um estudo de aspectos gerais dos processos cognitivos" ou um teste de matemática "para um estudo de diferenças de gênero no desempenho em matemática". Como esperado, os resultados mostraram que as mulheres tiveram um desempenho pior do que os homens quando os problemas foram descritos como um teste de matemática para estudar diferenças de gênero, por causa da ameaça pelo estereótipo criado pela associação entre mulheres e mau desempenho em matemática e homens e brilhantismo. Curiosamente, o prejuízo no desempenho das mulheres desapareceu quando os participantes receberam um pequeno esclarecimento sobre o fenômeno da ameaça pelo estereótipo, após a leitura do enunciado mas antes da realização da prova, indicando que é importante ter em mente que, caso a participante se sinta ansiosa durante o teste, esta ansiedade pode se dever a estereótipos negativos que são largamente difundidos na sociedade e que não têm nada a ver com sua real capacidade de ter um bom desempenho no teste. Diante desses dados, ações individuais e institucionais para disseminar esse conhecimento sobre a ameaça pelo estereótipo são fundamentais para reduzi-la entre os grupos estereotipados. Acreditamos que essas ações seriam uma ferramenta poderosa para enfrentar o racismo, a disparidade de gênero e a falsa crença na baixa capacidade intelectual de pessoas de ambientes socioeconômicos desfavorecidos.

Em suma, são inúmeras as evidências que apontam para a presença de forças invisíveis que atuam impedindo a progressão de mulheres, pessoas negras e menos favorecidas economicamente para posições de maior destaque e liderança, inclusive no meio acadêmico.

Na conclusão deste livro, serão destacadas algumas ações que foram sugeridas em artigo publicado por nosso grupo (CALAZA *et al*, 2021), que podem minimizar os efeitos do viés implícito de gênero, raça e condição socioeconômica nos editais de financiamento, comissões de avaliação e processos de seleção. Incentivamos também a consulta e a utilização do material produzido pelo nosso grupo ("Manual de boas práticas para processos seletivos: reduzindo o viés implícito") para auxiliar comitês de seleção ou de editais na adoção de medidas que reduzam o viés implícito. É importante destacar que o viés implícito é maior quando (1) os critérios de avaliação não são claros (DEVINE, 1989), (2) as decisões são tomadas rapidamente (CORRELL *et al*, 2007), (3) as decisões são muito complexas (BODENHAUSEN e LICHTENSTEIN, 1987), (4) as informações são ambíguas e incompletas (LEVINSON *et al*, 2010), e (5) quando o avaliador está estressado ou cansado (SATO e KAWAHARA, 2012).

Conclusões

Neste capítulo, apresentamos diversas evidências a partir da literatura que sugerem que vieses explícitos e implícitos de gênero, raça e *status* socioeconômico são forças poderosas para promover as disparidades e desigualdades encontradas em nossa sociedade. O controle cognitivo pode desfazer mais facilmente este "preconceito" implícito à medida que a pessoa o percebe conscientemente. Além disso, o viés implícito é mais prevalente do que o viés explícito. Portanto, é crucial trazer consciência sobre o fenômeno dos vieses implícitos comumente ignorados para que eles possam ser ressignificados cognitivamente por cada um de nós. Além disso, as instituições devem apresentar propostas para mitigar esse problema. Com este capítulo, esperamos contribuir para reflexões, ações e desenvolvimento de políticas institucionais que viabilizem e consolidem a diversidade na ciência, reduzindo as disparidades de gênero, raça e nível socioeconômico, o que é fundamental para melhorar a inovação e, portanto, o progresso de uma ciência inclusiva. Se quisermos combater o racismo e o sexismo na ciência, precisamos combater o preconceito implícito construído socialmente. Esse fenômeno é a força invisível que nos impede de caminhar na construção de uma ciência mais eficiente, inclusiva e diversa.

Referências bibliográficas

ABBATE, C. S.; RUGGIERI, S., BOCA, S. *Automatic influences of priming on prosocial Behavior.* Europe's Journal of Psychology, 30 ago. 2013. v. 9, n. 3, p. 479–492. Disponível em: https://ejop.psychopen.eu/index.php/ejop/article/view/603 Acesso em: 4 jun 2024.

ALLPORT, G. W. *The nature of prejudice.* Cambridge, MA: Addison-Wesley. 1954.

ASHMORE, R. D.; DEL BOCA, F. K. *Conceptual approaches to stereotypes and stereotyping:* Cognitive processes in stereotyping and intergroup behavior. Hamilton DL (Ed.), Hillsdale, NJ: Erlbaum, 1-36. 1981.

AMBADY, N.; SHIH, M.; KIM, A. et al. *Stereotype susceptibility in children:* Effects of identity activation on quantitative performance. Psychological Science, set. 2001. V. 12, n. 5, p. 385–390.

BARGH, J. A.; CHEN, M.; BURROWS, L. *Automaticity of social behavior:* Direct effects of trait construct and stereotype activation on action. Journal of Personality and Social Psychology, 1996. 71(2): 230-244.

BARGH, J. A.; CHARTRAND, T. L. *The unbearable automaticity of being.* American Psychologist, 1999. 54(7), 462–479.

BARON, A. S.; BANAJI, M. R. *The development of implicit attitudes:* Evidence of race evaluations from ages 6 and 10 and adulthood. Psychological science, 2006. 17(1), 53-58.

BAUMEISTER, R. F.; LEARY, M. R. *The need to belong:* desire for interpersonal attachments as a fundamental human motivation. Psychological bulletin, 1995. 117(3), 497.10.1037/0033-2909.117.3.497.

BENDELS, M. H. et al. *Gender disparities in high-quality research revealed by Nature Index journals.* PloS one, 2018. 13(1), e0189136.

BERNARD, R. E.; COOPERDOCK, E. H. *No progress on diversity in 40 years.* Nature Geoscience, 2018. 11(5), 292-295.

BERTRAND, M.; MULLAINATHAN, S. *Are Emily and Greg more employable than Lakisha and Jamal?* A field experiment on labor market discrimination. American economic review, 2004. 94(4), 991-1013.

BIAN, L.; LESLIE, S. J.; CIMPIAN, A. *Gender stereotypes about intellectual ability emerge early and influence children's interests.* Ciência, 2017. 355(6323), 389-391.

BODENHAUSEN, G. V.; LICHTENSTEIN, M. *Social stereotypes and information-processing strategies:* The impact of task complexity. Journal of personality and social psychology, 1987. 52(5), 871.

BUDDEN, A. E. *et al. Double-blind review favours increased representation of female authors.* Trends in ecology & evolution, 2008. 23(1), 4-6, ISSN 0169-5347.

CALAZA, K. C. *et al. Facing racism and sexism in science by fighting against social implicit bias:* A latina and black woman's perspective. Frontiers in Psychology, jul. 2021. V. 12, p. 671481, 16.

CHAPMAN, E. N.; KAATZ, A.; CARNES, M. *Physicians and implicit bias:* how doctors may unwittingly perpetuate health care disparities. Journal of general internal medicine, 2013. 28(11), 1504-1510. Disponível em: https://doi.org/10.1007/s11606-013-2441-1 Acesso em: 4 jun. 2024.

CHARLESWORTH, T. E. S.; BANAJI, M. R. *Gender in science, technology, engineering, and mathematics:* Issues, causes, solutions. The Journal of Neuroscience: The Official Journal of the Society for Neuroscience, 11 set. 2019. V. 39, n. 37, p. 7228–7243.

_____. *Patterns of implicit and explicit attitudes:* I. Long-Term Change and Stability From 2007 to 2016. Psychological Science, fev. 2019. V. 30, n. 2, p. 174–192.

CLANCY, K. B. H. *et al. Double jeopardy in astronomy and planetary science:* Women of color face greater risks of gendered and racial harassment. Journal of Geophysical Research: Planets, jul. 2017. V. 122, n. 7, p. 1610–1623.

COLLINS, C. *et al. COVID-19 and the gender gap in work hours.* Gender, Work & Organization, 2020. Disponível em: https://onlinelibrary.wiley.com/doi/pdf/10.1111/gwao.12506 Acesso em: 4 jun. 2024.

CROIZET, J.C.; CLAIRE, T. *Extending the concept of stereotype threat to social class:* The intellectual underperformance of students from low socioeconomic backgrounds. Personality and Social Psychology Bulletin, jun. 1998. v. 24, n. 6, p. 588–594.

CORRELL, J. *et al. Across the thin blue line:* police officers and racial bias in the decision to shoot. Journal of personality and social psychology, 2007. 92(6), 1006.

DARLEY, J. M.; GROSS, P. H. *A hypothesis-confirming bias in labeling effects.* Journal of Personality and Social Psychology, 1983. 44(1), 20-33. Disponível em http://dx.doi.org/10.1037/0022-3514.44.1.20 Acesso em: 4 jun. 2024.

DAR-NIMROD, I.; HEINE, S. J. *Exposure to scientific theories affects women's math performance.* Science, 20 out. 2006. V. 314, n. 5798, p. 435-435. Disponível em: https://www.science.org/doi/10.1126/science.1131100 Acesso em: 4 jun. 2024.

DEPARTAMENTO DE EDUCAÇÃO DOS EUA. *Number and percentage distribution of science, technology, engineering, and mathematics (STEM) degrees/certificates conferred by postsecondary institutions, by race/ethnicity, level of degree/certificate, and sex of student:* 2008–09 through 2015–16. 2017. Disponível em: https://nces.ed.gov/programs/digest/d17/tables/dt17_318.45.asp Acesso em: 4 jun. 2024.

DEVINE, P. G. *Stereotypes and prejudice:* Their automatic and controlled components. Journal of personality and social psychology, 1989. 56(1), 5.

DWORKIN, J. D. et al. *The extent and drivers of gender imbalance in neuroscience reference lists.* Nature neuroscience, 22020. Disponível em https://doi.org/10.1038/s41593-020-0658-y Acesso em: 4 jun. 2024.

DUTT, K. et al. *Gender differences in recommendation letters for postdoctoral fellowships in geoscience.* Nature Geoscience, 2016. 9 (11), 805-808.

EATON, A. A. et al. *How gender and race stereotypes impact the advancement of scholars in STEM:* Professors' biased evaluations of physics and biology post-doctoral candidates. Sex Roles, 2020. 82(3-4), 127-141. Disponível em: https://doi.org/10.1007/s11199-019-01052-w Acesso em: 4 jun. 2024.

EDGE, L. *Science has a racism problem.* Célula, 2020. 181. Issue 7, 2020, Pages 1443-1444. Disponível em: https://doi.org/10.1016/j.cell.2020.06.009 Acesso em: 4 jun. 2024.

EISENBERGER, N. I. *The neural bases of social pain:* evidence for shared representations with physical pain. Psychosomatic medicine, 2012. 74(2), 126. Disponível em: https://doi.org/10.1097/PSY.0b013e3182464dd1 Acesso em: 4 jun. 2024.

FITZGERALD, C.; HURST, S. *Implicit bias in healthcare professionals:* a systematic review. Ética médica BMC, 2017. 18(1), 19.

GÁLVEZ, R. H.; TIFFENBERG, V.; ALTSZYLER, E. *Half a century of stereotyping associations between gender and intellectual ability in films.* Sex Roles, nov. 2019. V. 81, n. 9–10, p. 643–654.

GAO, J. et al. *Potentially long-lasting effects of the pandemic on scientists.* Nature Communications, 2021. 12(1):6188. Disponível em: https://www.nature.com/articles/s41467-021-26428-z Acesso em: 4 jun. 2024.

GARG, N. et al. *Word embeddings quantify 100 years of gender and ethnic stereotypes.* Proceedings of the National Academy of Sciences, 17 abr. 2018. V. 115, n. 16. Disponível em: https://pnas.org/doi/full/10.1073/pnas.1720347115. Acesso em: 27 maio 2024.

GAUCHER, D.; FRIESEN, J.; KAY, A. C. *Evidence that gendered wording in job advertisements exists and sustains gender inequality.* Journal of Personality and Social Psychology, jul. 2011. V. 101, n. 1, p. 109–128.

GILOVICH, T.; KELTNER, D.; NISBETT, R. E.*Being a member of a stigmatized group:* stereotype threat. Social psychology, 2006. New York: WW Norton, 467-468.

GREEN, A. R. et al. *Implicit bias among physicians and its prediction of thrombolysis decisions for black and white patients.* Journal of general internal medicine, 2007. 22(9), 1231-1238.

GREENWALD, A. G.; BANAJI, M. R. *Implicit social cognition:* attitudes, self-esteem, and stereotypes. Psychological review, 1995. 102(1), 4. Disponível em: https://pubmed.ncbi.nlm.nih.gov/7878162/ Acesso em: 4 jun. 2024.

GREENWALD, A. G.; KRIEGER, L. H. *Implicit bias:* Scientific foundations. California law review, 2006. 94(4), 945-967. Disponível em: http://dx.doi.org/https://doi.org/10.15779/Z38GH7F Acesso em: 4 jun. 2024.

HALL, W. J. et al. *Implicit racial/ethnic bias among health care professionals and its influence on health care outcomes:* a systematic review. American journal of public health, 2015. 105(12), e60-e76. Disponível em: https://ajph.aphapublications.org/doi/10.2105/AJPH.2015.302903 Acesso em: 4 jun. 2024.

HEINS, J. K. et al. *Disparities in analgesia and opioid prescribing practices for patients with musculoskeletal pain in the emergency department.* Journal of Emergency Nursing, 2006. 32(3), 219-224.

HAINES, E. L.; DEAUX, K., LOFARO, N. *The Times They Are a-Changing ... or Are They Not?* A Comparison of Gender Stereotypes, 1983–2014. Psychology of Women Quarterly, set. 2016. V. 40, n. 3, p. 353–363.

INZLICHT, M.; BEN-ZEEV, T. *A threatening intellectual environment:* Why females are susceptible to experiencing problem-solving deficits in the presence of males. Psychological Science, set. 2000. V. 11, n. 5, p. 365–371.

JAIRO, I. *Os estereótipos:* Uma revisão sistemática das publicações Conceituais. V. 2, [S.d.].

JAXON, J. et al. *The acquisition of gender stereotypes about intellectual ability:* Intersections with race. Journal of Social Issues, 2019. 75(4), 1192-1215.

JOHNS, M.; SCHMADER, T.; MARTENS, A. *Knowing is half the battle:* Teaching stereotype threat as a means of improving women's math performance. Ciências psicológicas, 2005. 16(3), 175-179. Disponível em: https://pubmed.ncbi.nlm.nih.gov/15733195/ Acesso em: 4 jun. 2024.

KANG, J. et al. *Implicit bias in the courtroom.* UCLA Law Review, March 20, 2012. Vol. 59, No. 5. Disponível em: https://ssrn.com/abstract=2026540 Acesso em: 4 jun. 2024.

KRAWCZYK, M.; SMYK, M. *Author's gender affects rating of academic articles:* Evidence from an incentivized, deception-free laboratory experiment. European Economic Review, nov. 2016. V. 90, p. 326–335.

KROSS, E. et al. *Social rejection shares somatosensory representations with physical pain.* PNAS, 2011. 108(15), 6270-6275.

KUO, P. X.; WARD, L. M. *Contributions of television use to beliefs about fathers and gendered family roles among first-time expectant parents.* Psychology of Men & Masculinity, out. 2016. V. 17, n. 4, p. 352–362. Disponível em: https://psycnet.apa.org/record/2016-03908-001 Acesso em: 4 jun. 2024.

KWON, E.; YUN, J., KANG, J. *The effect of the COVID-19 pandemic on gendered research productivity and its correlates.* Journal of Informetrics, fev. 2023. V. 17, n. 1, p. 101380. Disponível em: https://www.ncbi.nlm.nih.gov/pmc/articles/PMC9832056/ Acesso em: 4 jun. 2024.

_____. *Dataset for the analysis of gendered research productivity affected by early COVID-19 pandemic.* Data in Brief, jun. 2023. V. 48, p. 109200.

LARIVIÈRE, V. *et al.* Bibliometrics: Global gender disparities in science. Nature News, 2013. 504(7479), 211.

LEVINSON, J. D.; CAI, H.; YOUNG, D. *Guilty by implicit racial bias:* The guilty/not guilty Implicit Association Test. Ohio St. J. Crim, 2010. L.. 8, 187.

MARSHMAN, E. *et al. Female students with A's have similar physics self-efficacy as male students with C's in introductory courses:* A cause for alarm?. Physical Review Physics Education Research, 6 dez. 2018. V. 14, n. 2, p. 020123. Disponível em: https://journals.aps.org/prper/abstract/10.1103/PhysRevPhysEducRes.14.020123 Acesso em 4 jun. 2024.

MASTER, A.; CHERYAN, S.; MELTZOFF, A. N. *Computing whether she belongs:* Stereotypes undermine girls' interest and sense of belonging in computer science. Journal of Educational Psychology, abr. 2016. V. 108, n. 3, p. 424–437. Disponível em: https://psycnet.apa.org/doiLanding?doi=10.1037%2Fedu0000061 Acesso em 4 jun. 2024.

MCGEE, E. O.; BENTLEY, L. *The troubled success of Black women in STEM.* Cognition and Instruction, 2017. 35(4), 265-289. Disponível em: https://www.tandfonline.com/doi/full/10.1080/07370008.2017.1355211 Acesso em 4 jun. 2024.

MOSS-RACUSIN, C. A. *et al. Science faculty's subtle gender biases favor male students.* Proceedings of the national academy of sciences, 2012. 109(41), 16474-16479.

MYERS, K. R. *et al. Unequal effects of the COVID-19 pandemic on scientists.* Nature Human Behaviour, 2020. 1-4. Disponível em: https://doi.org/10.1038/s41562-020-0921-y Acesso em 4 jun. 2024.

NATIONAL SCIENCE FOUNDATION. National Center for Science and Engineering Statistics. *Science and engineering degrees, by race/ethnicity of recipients:* 2002–12. Arlington, VA, 2015. Disponível em https://www.nsf.gov/statistics/degreerecipients/ Acesso em: 4 jun. 2024.

NOSEK, B. A. et al. *National differences in gender–science stereotypes predict national sex differences in science and math achievement.* Proceedings of the National Academy of Sciences, 30 jun. 2009. V. 106, n. 26, p. 10593–10597. Disponível em: https://www.pnas.org/doi/full/10.1073/pnas.0809921106 Acesso em: 4 jun. 2024.

ONG, M. et al. *Inside the double bind:* A synthesis of empirical research on undergraduate and graduate women of color in science, technology, engineering, and mathematics. Harvard Educational Review, 2011. 81(2), 172-209.

OSBORNE, J. W. *Testing stereotype threat:* Does anxiety explain race and sex differences in achievement? Contemporary Educational Psychology, 2001. 26(3), 291-310. Disponível em: https://pubmed.ncbi.nlm.nih.gov/11414722/ Acesso em: 4 jun. 2024.

PENNINGTON, C. R. et al. *Twenty years of stereotype threat research:* A review of psychological mediators. 2016. PloS one. 11(1), e0146487.

POHLHAUS, J. R. et al. *Sex differences in application, success, and funding rates for NIH extramural programs.* Academic Medicine, 2011. 86(6), 759-767.

RÉGNER, I. et al. *Committees with implicit biases promote fewer women when they do not believe gender bias exists.* Nature Human Behavior, 2019. 3, 1171-1179.

REUBEN, E.; SAPIENZA, P.; ZINGALES, L. *How stereotypes impair women's careers in science.* PNAS, 2014. 111(12), 4403-4408.

RIVERA, L. A.; TILCSIK, A. *Scaling down inequality:* Rating scales, gender bias, and the architecture of evaluation. American Sociological Review, abr. 2019. V. 84, n. 2, p. 248–274.

ROJAS, L. *Transforming education for students of color:* Reenvisioning teacher leadership for educational justice. SoJo Journal, 2018. 4(2).

ROSS, M. B. et al. *Author correction:* Women are credited less in science than men. Nature, 21 set. 2023. V. 621, n. 7979, p. E41–E41. Disponível em: https://www.nature.com/articles/s41586-023-06571-x Acesso em: 4 jun. 2024.

RYDELL, R. J.; MCCONNELL, A. R.; BEILOCK, S. L. *Multiple social identities and stereotype threat:* imbalance, accessibility, and working memory. Journal of personality and social psychology, 2009. 96(5), 949-966. Disponível em: https://pubmed.ncbi.nlm.nih.gov/19379029/ Acesso em: 4 jun. 2024.

SABIN, J. A.; GREENWALD, A. G. *The influence of implicit bias on treatment recommendations for 4 common pediatric conditions:* pain, urinary tract infection, attention deficit hyperactivity disorder, and asthma. American journal of public health, 2012. 102(5), 988-995.

SATO, H.; KAWAHARA, J. I. *Assessing acute stress with the Implicit Association Test.* Cognition & emotion, 2012. 26(1), 129-135.

SCHMADER, T.; JOHNS, M. *Converging evidence that stereotype threat reduces working memory capacity.* Journal of personality and social psychology, 2003. 85(3), 440-452. Disponível em: https://pubmed.ncbi.nlm.nih.gov/14498781/ Acesso em: 4 jun. 2024.

SMITH, S. L. et al. *Inequality in 1,200 popular films:* Examining portrayals of gender, race/ethnicity, LGBTQ & disability from 2007 to 2018. ANNENBERG INCLUSION INITIATIVE, USC ANNENBERG, 2019. 1-36.

SPENCER, S. J.; LOGEL, C.; DAVIES, P. G. *Stereotype threat.* Annual Review of Psychology, 4 jan. 2016. V. 67, n. 1, p. 415–437.

STAATS, C. et al. *State of the science:* Implicit bias review 2015. Vol. 3. Columbus, OH: Kirwan Institute for the Study of Race and Ethnicity, 2015.

STAATS, C. et al. *State of the science:* Implicit Bias Review 2014. Kirwan Institute, 2014.

STANISCUASKI, F. et al. *Impact of COVID-19 on academic mothers.* Science, 2020. Volume 368, Pags. 724.1-724. Disponível em https://www.science.org/doi/10.1126/science.abc2740 Acesso em: 4 jun. 2024.

STEELE, C. M.; ARONSON, J. *Stereotype threat and the intellectual test performance of African Americans.* Journal of personality and social psychology, 1995. 69(5), 797. Disponível em: https://pubmed.ncbi.nlm.nih.gov/7473032/ Acesso em: 4 jun. 2024.

STORAGE, D. et al. *The frequency of "brilliant" and "genius" in teaching evaluations predicts the representation of women and African Americans across fields.* PloS one, 2016. 11(3), e0150194. Disponível em: https://pubmed.ncbi.nlm.nih.gov/26938242/ Acesso em: 4 jun. 2024.

TOMASELLO, M. *The ultra-social animal.* European journal of social psychology, 2014. 44(3), 187-194. Disponível em: https://doi.org/10.1002/ejsp.2015 Acesso em: 4 jun. 2024.

UFF. *Manual de boas práticas para processos seletivos*. Niterói, set. 2018. Disponível em: https://cpeg.uff.br/wp-content/uploads/sites/582/2022/04/MANUAL_DE_BOAS_PRATICAS_PARA_PROCESSOS_SELETIVOS.pdf. Acesso em 4 jun. 2024.

UHLMANN, E. L.; COHEN, G. L. *I think it, therefore it's true*: Effects of self-perceived objectivity on hiring discrimination. Organizational Behavior and Human Decision Processes, nov. 2007. V. 104, n. 2, p. 207–223. Disponível em: 10.1016/j.obhdp.2007.07.001 Acesso em 4 jun. 2024.

VAN DER LEE, R.; ELLEMERS, N. *Gender contributes to personal research funding success in The Netherlands*. Proceedings of the National Academy of Sciences, 2015. 112(40), 12349-12353. Disponível em: https://doi.org/10.1073/PNAS.1510159112 Acesso em: 4 jun. 2024.

VAN DIJK, D.; MANOR, O.; CAREY, L. B. *Publication metrics and success on the academic job market*. Biologia atual, 2014. 24(11), R516-R517.

WITTEMAN, H. O. et al. *Are gender gaps due to evaluations of the applicant or the science?* A natural experiment at a national funding agency. The Lancet, fev 2019. V. 393, n. 10171, p. 531–540. Disponível em: https://pubmed.ncbi.nlm.nih.gov/30739688/ Acesso em: 4 jun. 2024.

WOLD, A.; WENNERAS, C. *Nepotism and sexism in peer review*. Nature, 1997. 387(6631), 341-343.

ZIEGERT, J. C.; HANGES, P. J. *Employment Discrimination:* The Role of Implicit Attitudes, Motivation, and a Climate for Racial Bias. Journal of Applied Psychology, 2005. 90 (3), 553-562.

ZIMMERMANN, C. R.; KAO, G. *Unequal returns to children's efforts:* Racial/ethnic and gender disparities in teachers' evaluations of children's noncognitive skills and academic ability. January 2020. Du Bois Review Social Science Research on Race 16(2):1-22.

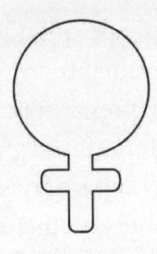

Capítulo 4

Mulheres negras nas ciências: da teoria à ação

Ana Lúcia Nunes de Sousa, Lohrene de Lima da Silva,
Luciana Ferrari Espíndola Cabral e Mariana da Silva Lima

Introdução

No Brasil, as doutoras negras somam cerca de 3% de todos os docentes em atividade em programas de pós-graduação (FERREIRA, 2020). A partir desta informação, as pesquisadoras do Núcleo de Estudos de Gênero e Relações Étnico-raciais na Educação Audiovisual em Ciências e Saúde (NEGRECS), sediado no Instituto Nutes em Educação em Ciências e Saúde da Universidade Federal do Rio de Janeiro/UFRJ), iniciaram um levantamento de informações sobre as cientistas negras dos programas de pós-graduação do estado do Rio de Janeiro, com o objetivo de saber quem são, o que fazem e de que forma essas mulheres "furaram a bolha" racista e patriarcal do meio acadêmico, resistindo e re-existindo na forma de ocupar seus espaços e produzir ciência.

O projeto de extensão "Mulheres Negras Fazendo Ciência" nasceu da integração entre esse grupo de pesquisa que investiga trajetórias de pesquisadoras negras e um grupo de extensionistas exclusivamente composto por professoras e estudantes negras, que representou a oportunidade de levar essa discussão para diferentes segmentos da população. O grupo surgiu em 2019, a partir de um convite para a realização de uma oficina sobre "mulheres negras cientistas", em uma mostra sobre "Mulheres na Ciência" no Espaço Ciência Viva, no Rio de Janeiro. Naquele momento, uma professora do Centro Federal de Educação Tecnológica (CEFET-RJ/Campus Maria da Graça) e a coordenadora do NEGRECS concordaram em apresentar os resultados parciais da pesquisa em andamento sobre as pesquisadoras negras do estado do Rio de Janeiro. Para tanto, formaram uma equipe composta por essas duas professoras, três estudantes do Ensino Médio do CEFET-RJ e uma das coordenadoras do Espaço Ciência Viva. O grande interesse do público durante a mostra se desdobrou, nos meses subsequentes, em uma série de convites para apresentar os dados da pesquisa em escolas e universidades públicas. Assim surgiu a ideia de desdobrar a oficina original em um projeto de extensão, divulgando os dados coletados na pesquisa em questão para o grande público.

Assim surgiu o grupo "Mulheres negras fazendo Ciência", que desde a concepção possui uma dupla missão: divulgar o perfil, a trajetória e as pesquisas realizadas por mulheres negras cientistas, ao mesmo tempo em que promove o letramento racial e científico de suas integrantes, todas estudantes negras. No ano seguinte, o Projeto foi oficialmente estendido à UFRJ, com o título "As incríveis cientistas negras: educação, divulgação e popularização da ciência", passando a formar também alunas de graduação e pós-graduação. Atualmente, a proposta é executada em outras instituições de educação básica e recebe estudantes do Ensino Médio e do Ensino Superior, formando dezenas de jovens negras e periféricas. Além disso, o projeto já atingiu milhares de pessoas através de suas ações de divulgação científica (BRITISH COUNCIL, 2024).

Nossa discussão baseia-se no conceito de interseccionalidade, introduzido por Kimberlé Crenshaw, que busca capturar as consequências das interações entre dois ou mais eixos de subordinação. Crenshaw (2002) trata especificamente de como o racismo, o patriarcado, a opressão de classe e outros sistemas discriminatórios criam desigualdades que estruturam as posições relativas de mulheres, raças, etnias, classes e outras identidades. Em outras palavras, a interseccionalidade examina como múltiplas camadas de discriminação se sobrepõem, combinando o peso da discriminação racial com o da discriminação de gênero dentro da sociedade. Esta abordagem permite uma compreensão mais profunda das complexas dinâmicas de poder que afetam indivíduos e grupos marginalizados, revelando como diferentes formas de opressão se entrelaçam e amplificam umas às outras (CRENSHAW, 2002; 2004).

Indo da teoria à ação, da pesquisa à extensão e retornando dessa para as novas pesquisas, os projetos formam meninas e mulheres pretas e pardas para uma ciência mais diversa. Dessa forma, alcançamos a desejada indissociabilidade do tripé da educação de excelência integrando ensino, pesquisa e extensão.

Racismo, sexismo e ciência

A ciência, como atividade humana diretamente influenciada pelo contexto social, econômico, histórico e político (WORTMAN, 2001), também é impactada pelas relações de gênero, raça e classe predominantes na sociedade. Em nossos projetos, partimos do pressuposto de que essas esferas se interseccionam, gerando privilégios para algumas pessoas e desvantagens para outras, que se evidenciam no campo científico.

Durante séculos, as mulheres foram desencorajadas, discriminadas e até proibidas de estudar (SOUZA, 2006). As primeiras escolas brasileiras seguiam modelos europeus de ensino. As meninas aprendiam bordado e costura enquanto os meninos aprendiam geometria (CAMPAGNOLLI *et al.*, 2003). É importante ressaltar que estamos falando, neste caso, da educação de pessoas brancas, já que o acesso à educação formal permaneceu proibido para pessoas negras, fossem elas escravizadas ou libertas, durante boa parte do século XIX (BARROS, 2016). Ou seja, se até pouco mais de cem anos atrás, no Brasil, o acesso à educação e à ciência foi bastante limitado historicamente para as mulheres, ele foi inexistente para as mulheres negras.

Esse quadro tem reflexos na distribuição por gênero nas áreas científicas, de forma que as mulheres acabam sendo levadas a escolher carreiras segmentadas por gênero e menos valorizadas, sobretudo pela influência da família e da escola. Hirata (2015) e Olinto (2011) chamam esse processo de "segregação horizontal". Além disso, Pinto, Amorim e Carvalho (2016) também identificam barreiras mais sutis, como a ausência de representatividade feminina em determinadas carreiras, a omissão da contribuição das mulheres nas ciências, e o maior encorajamento dos homens do que das mulheres na área. Para Olinto (2011), esse processo caracteriza a "segregação vertical", pois é um mecanismo que torna as posições mais subordinadas como o lugar aparente da mulher, dificultando sua progressão profissional.

Os mecanismos de segregação horizontal e vertical são evidenciados, também, pelo que Rosemberg (2001) chama de "guetização" de sexo/gênero na educação superior, uma vez que as mulheres costumam se concentrar nas áreas das Ciências Humanas, Sociais, Educação e Saúde, como já ressaltado no Capítulo 2 deste livro. A pesquisa realizada por Sousa *et al.* (2021) aponta que, nas maiores universidades do estado do Rio de Janeiro, as mulheres estão concentradas nas áreas de cuidado, especificamente saúde e educação. Importante mencionar que é a popularização dos resultados desta pesquisa, com consequente chamado para a ação e intervenção nesta realidade, que faz nascer os projetos que aqui relatamos.

Dessa forma, percebe-se como, nas relações entre gênero e ciência, a questão étnico-racial é um componente fundamental da equação, sem o qual a compreensão dos estereótipos que afastam meninas e mulheres do campo científico acaba sendo interpretada de forma incompleta. Diante destes dados, como adotar boas práticas escolares que estimulem a participação das meninas nas ciências e a diminuição da evasão escolar em todos os níveis, sem considerar as diferenças de gênero, classe e raça operantes em nossa sociedade?

Portanto, em nossos projetos, consideramos fundamental a compreensão das imbricações entre o racismo e sexismo. Para Almeida (2019), o racismo é moldado no inconsciente coletivo, através do desenvolvimento de um imaginário social no qual os negros estão sempre em papéis subalternizados. O autor argumenta que nossa vida social é mediada pela ideologia racista, por meio de um imaginário reproduzido sistematicamente pelos sistemas comunicacional, educacional e jurídico. Por sua vez, a lógica meritocrática reafirma no imaginário coletivo a ideia de que competência, inteligência e mérito estão intimamente ligados à branquitude, masculinidade, heterossexualidade e cisnormatividade. Para Almeida, é dessa maneira que se constrói no imaginário coletivo a ideia de que os negros — e, em especial, as mulheres negras — são menos capazes de exercer profissões altamente intelectualizadas, como aquelas ligadas às ciências, principalmente às ciências exatas.

Sexismo e racismo se apresentam de forma conjunta e indissociável na vida de meninas e mulheres negras, gerando uma "asfixia social" (CARNEIRO, 2011) com consequências em todas as áreas da vida dessas mulheres. Em pesquisa sobre como mulheres cientistas estão sendo afetadas em sua produtividade pela pandemia de Covid-19, o movimento Parent in Science (2020) apontou como as pesquisadoras negras, independentemente de terem filhos ou não, foram as que encontraram maiores dificuldades nesse período. Isso corrobora a tese de Davis (2017), quando afirma que "não existe uma feminilidade abstrata que sofre o sexismo de forma abstrata e que luta contra ele em um contexto histórico abstrato". Por esse motivo, ao analisar os efeitos do sexismo, é fundamental não separá-lo das dimensões racial e socioeconômica.

As mulheres negras na academia brasileira

Atualmente, no Brasil, as mulheres são maioria entre os estudantes que conseguem terminar a escolarização. No final do Ensino Médio, em 2022, elas eram 53,8%, e também estavam em maioria entre os ingressantes no

Ensino Superior no ano seguinte. Entretanto, em cursos voltados às ciências exatas, engenharias e computação, as mulheres ainda são minoria, representando entre 25% e 30% do total dos estudantes dessas áreas (CASEIRA e MAGALHÃES, 2019). O que se percebe também é que, quanto maior o nível acadêmico, neste campo do conhecimento, menos mulheres há, revelando um afunilamento ou "efeito tesoura" (VASCONCELOS e BRISOLLA, 2009) relacionado ao gênero, sobre o qual já falamos anteriormente neste livro.

Ao considerar a origem étnico-racial, a ausência de mulheres negras nesses mesmos espaços é ainda mais evidente. O percentual de doutoras negras em programas de pós-graduação (PPGs) é inferior a 3% (CASEIRA e MAGALHÃES, 2019). Uma pesquisa em desenvolvimento (SOUZA, 2021), realizada pelo NEGRECS/UFRJ, apontou que, em todo o estado do Rio de Janeiro, apenas 11 docentes de PPGs de Engenharia são mulheres negras. Cinco delas são docentes na Universidade Federal do Rio de Janeiro e representam apenas 0,9% do total de docentes das pós-graduações em engenharia da instituição. Ou seja, há problemas comuns a todas as mulheres no âmbito científico, porém os dados revelam que as mulheres negras enfrentam obstáculos específicos para seu desenvolvimento enquanto cientistas. Esse cenário retrata as dificuldades encontradas por meninas e mulheres negras e periféricas que almejam ingressar nas áreas de Ciências Exatas e da Terra, Engenharias e Computação, uma consequência direta do racismo estrutural (ALMEIDA, 2019) e da interseccionalidade nas opressões de raça, gênero e classe (CRENSHAW, 2004).

Além disso, é preciso considerar que a violência – que também tem recorte racial e interseccional – constitui um desafio extra para as meninas e mulheres negras e periféricas. As meninas e jovens que residem em áreas vulneráveis são afetadas diretamente em seu direito à educação. Levantamento realizado pelo Volta Dat Lab e pelo aplicativo Fogo Cruzado demonstrou que, entre 2017 e 2018, 46% das escolas e creches municipais na cidade do Rio de Janeiro registraram tiroteios em seu entorno (BOM DIA RIO, 2018). A Cidade de Deus é o lugar mais afetado, onde cinco das 17 escolas registraram tiroteios em suas imediações a cada três dias (BERNARDES, 2018). No Complexo da Maré, as escolas ficaram fechadas 35 dias em 2017 devido a confrontos armados no território, o que representa mais de 17% do ano letivo escolar. A ONG Redes da Maré denuncia que crianças e jovens de seu território podem chegar a perder, em média, dois anos de aulas por causa da violência.

Mas não é só a violência que afeta o desenvolvimento acadêmico de meninas e jovens que vivem em áreas periféricas. O trabalho doméstico é outro obstáculo que tem gênero e cor. As crianças submetidas a trabalho doméstico têm um perfil definido: 94,1% são meninas e 73,5% são negras, de forma que a maioria considerável são meninas negras e pobres (FNPETI, 2017). Paradoxalmente, o acesso ao conhecimento e à ciência são formas poderosas de combate à violência, abrindo um arsenal de possibilidades para meninas e mulheres negras, uma vez que o acesso à formação acadêmica é potencialmente capaz de romper com o ciclo de miséria e violência simbólica no qual estão inseridas muitas meninas e mulheres negras e periféricas.

A pesquisa: do geral ao particular

As assimetrias em relação à origem étnico-racial são profundas no meio acadêmico, como já ficou evidenciado pelos dados apresentados nas seções anteriores. Pesquisas destacam que "a participação feminina não é a mesma segundo raça e cor, sendo que a participação de mulheres brancas (59%) é muito maior que a de mulheres negras (26,8%)" (LIMA; BRAGA; TAVARES, 2015) na produção científica nacional. O Censo da Educação Superior de 2016 revela que pessoas pretas ou pardas são apenas 30% das que recebem algum tipo de bolsa de pesquisa do CNPq.

Em relação ao número de doutores e doutoras, Venturini (2017) afirma que, entre as pessoas que declararam sua raça e/ou cor nos dados divulgados pelo CNPq, a configuração seria: 79,01% brancas; 15,29% pardas; 3,05% pretas; 2,22% amarelas e 0,42% de indígenas. Quando se analisam os dados com recorte de gênero, considerando apenas as pessoas que se declaram do sexo feminino, a disparidade aumenta: 80,02% brancas; 14,60% pardas; 2,75% pretas; 2,35% amarelas e 0,28% indígenas.

Em pesquisa sobre a atuação de doutoras negras no espaço acadêmico brasileiro, Silva (2011) revelou que, na época, em todo o país, havia 251 doutoras negras na base do Sistema Nacional de Avaliação da Educação Superior (SINAES). Ao analisar os currículos Lattes dessas pesquisadoras, o estudo revelou que a promoção das mulheres negras na carreira enfrenta mais dificuldades quando comparada à de suas pares brancas. A pesquisa também apontou o fenômeno da "superqualificação", já que as mulheres negras tendiam a ser colocadas, ao longo da carreira, em posições inferiores às de suas pares brancas, ainda que possuíssem mais qualificações. A pesquisadora argumenta que a superqualificação seria uma consequência, ao mesmo tempo em que funcionaria como uma forma de compensação, de dois fatores interligados: o racismo e o sexismo, que atuariam como ferramenta de exclusão social.

É a partir desse contexto de profundas assimetrias étnico-raciais no meio acadêmico que surge a ideia de investigar o cenário específico do Rio de Janeiro, visando observar se essas tendências gerais se repetem neste âmbito particular. Esta pesquisa busca não apenas mapear a distribuição de gênero e raça entre docentes, mas também compreender as dinâmicas subjacentes que perpetuam a exclusão e a desigualdade. É a partir desta pesquisa do cenário do Rio de Janeiro que temos obtido *insights* valiosos para a formulação de ações por meio dos projetos de extensão "Mulheres negras fazendo ciência" e "As incríveis cientistas negras". E que, para além disso, buscamos promover a equidade e a inclusão no ambiente acadêmico, reforçando a necessidade de ações concretas para combater o racismo e o sexismo institucionalizados.

A distribuição de mulheres negras nos PPGs do estado do Rio de Janeiro

Neste capítulo, apresentamos dados sobre a distribuição de docentes negras nos programas de pós-graduação da Universidade do Estado do Rio de Janeiro (UERJ). O que nos interessa indagar aqui é: onde estão e quantas são as mulheres negras cientistas que atuam na UERJ? A coleta dos dados foi realizada em 2024 e se dividiu em duas etapas, que utilizaram como fontes de dados informações disponíveis em plataformas institucionais on-line. Realizaram-se a coleta, a sistematização e o tratamento de informações públicas, extraídas dos sites oficiais dos PPGs e dos currículos Lattes das pesquisadoras negras identificadas. A pesquisa é ampla e considera diversas variáveis. Neste capítulo discutiremos apenas os dados relativos ao perfil étnico-racial (negro, não negro) e de gênero (homens, mulheres) de cada PPG.

Os dados apontam que a UERJ possui sessenta e oito (68) programas de pós-graduação, entretanto não havia dados disponíveis sobre cinco[1] deles no momento da coleta. Dessa forma, nossa amostra abrange 63 PPGs. A distribuição de gênero aponta uma leve prevalência masculina: são 843 docentes homens e 810 mulheres[2]. É importante pontuar que estes números não indicam a quantidade numérica absoluta dos PPGs, uma vez que algumas pessoas estão vinculadas a mais de um PPG. Assim, indicam o número de vagas ocupadas por homens e mulheres nos PPGs da UERJ e podem totalizar um número menor absoluto de docentes.

Esse primeiro dado revela um cenário encorajador de quase paridade de gênero entre os docentes dos PPGs da

---

[1] Programas de pós-graduação em Enfermagem, Letras (PROFLETRAS – Mestrado), Odontologia, mestrado profissional em Psicanálise e Políticas Públicas e Saúde da Família.

[2] Reconhecemos a limitação da nossa pesquisa ao dividir os gêneros de forma binária. Infelizmente, os dados disponíveis só permitem uma análise binária, o que não captura a complexidade e a diversidade das identidades de gênero existentes. É importante problematizar esse binarismo, reconhecendo que ele representa uma simplificação devido às restrições dos dados coletados, mas que não reflete a complexa realidade na qual vivemos. No futuro, é essencial buscar métodos de coleta de dados que incluam uma representação mais abrangente das identidades de gênero para promover uma análise inclusiva. Ainda, nesta pesquisa em desenvolvimento, entrevistaremos as cientistas negras, momento oportuno para explorar essas complexidades.

UERJ. Há uma leve prevalência masculina, mas a diferença é relativamente pequena, indicando um avanço significativo em direção à equidade de gênero na academia. No entanto, ao considerar o perfil étnico-racial do grupo definido como "mulheres", surgem nuances importantes que demandam atenção. Entre as 810 mulheres docentes, 45 não puderam ser identificadas devido à ausência de imagens nos repositórios oficiais, o que aponta para uma lacuna na visibilidade e verificação adequada. Entre as identificadas, 85 foram reconhecidas como mulheres negras e 680 como mulheres brancas. Estes números indicam uma disparidade significativa na representatividade étnico-racial, destacando que, apesar dos avanços na paridade de gênero, ainda existe um longo caminho a ser percorrido para alcançar equidade racial. Ou seja, a predominância de mulheres brancas sugere a necessidade de políticas mais inclusivas e eficazes para promover a diversidade étnico-racial no corpo docente dos PPGs da UERJ, assegurando que a equidade de gênero seja acompanhada por uma verdadeira inclusão racial. O gráfico da próxima página mostra a distribuição docente, por área básica, dos PPGs da UERJ, considerando docentes homens (azul), mulheres brancas (vermelho), mulheres negras (preto) e mulheres não identificadas (verde).

Distribuição de docentes nos programas de pós-graduação da UERJ por área básica, gênero e raça

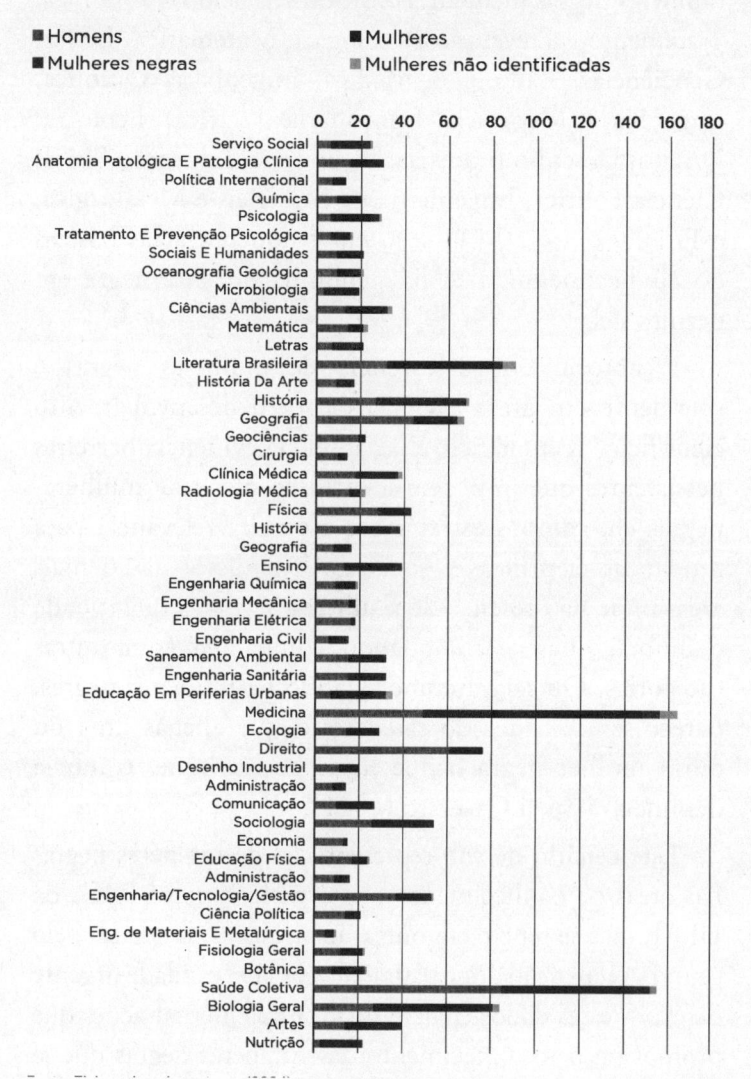

- ■ Homens
- ■ Mulheres negras
- ■ Mulheres
- ■ Mulheres não identificadas

Fonte: Elaborado pelas autoras (2024)

As áreas na pós-graduação da UERJ em que não aparecem mulheres negras incluem: Política Internacional, Química, Tratamento e Prevenção Psicológica, Matemática, Letras, Geociências, Radiologia Médica, Engenharia Química, Engenharia Mecânica, Engenharia Elétrica, Ecologia, Direito, Desenho Industrial, Economia, Educação Física, Ciência Política, Engenharia de Materiais e Metalúrgica, e Fisiologia Geral. Ou seja, em cinquenta áreas básicas do conhecimento, não há nenhuma docente negra em dezoito delas.

É notório que a ausência de mulheres negras é prevalente em áreas essenciais para o desenvolvimento científico e tecnológico. Essa ausência evidencia barreiras persistentes que impedem a inclusão plena de mulheres negras em campos estratégicos e de alta relevância para mudanças científicas e sociais. Além disso, nas demais áreas onde há presença de mulheres negras, a quantidade é ínfima, quase zero, quando comparada com outras categorias. Ou seja, mesmo quando há mulheres negras, parece ser considerado satisfatório que apenas uma ou outra mulher negra ocupe lugar de destaque, como já denunciava Sueli Carneiro (2011).

Este cenário de sub-representação de mulheres negras nas áreas de conhecimento não é exclusivo dos PPGs da UERJ, mas se repete em outras instituições estudadas pelo grupo. A repetição desse padrão revela a necessidade urgente de expor esses dados e, além disso, implementar ações que promovam o reconhecimento das mulheres negras que já conseguiram ocupar o lugar de docentes em PPGs. Tornar visíveis essas conquistas pode servir como uma poderosa fonte de inspiração e motivação para meninas negras que ainda estão no Ensino Médio, mostrando-lhes que a academia também pode ser um espaço para elas. Ao destacar essas mulheres e suas trajetórias, é possível fomentar um ambiente mais inclusivo e estimular a aspiração de futuras gerações, contribuindo para uma academia e ciência mais diversificada e equitativa.

Os projetos de extensão: MNFC e As incríveis cientistas negras

Os projetos "Mulheres negras fazendo ciência" e "As incríveis cientistas negras" se dividem nas seguintes vertentes, interligadas: 1) formação e acompanhamento das estudantes participantes; 2) ações de inserção na ciência e divulgação científica; 3) coleta e análise de dados sobre a inserção de meninas nas ciências.

No eixo "Formação e acompanhamento", desenvolvemos as seguintes atividades: formação teórica das estudantes; participação em eventos científicos com apresentação de trabalhos; participação em feiras de ciências e concursos acadêmicos e realização de cursos direcionados para a carreira científica e acadêmica. Já no eixo "Ações de inserção na ciência e divulgação científica", podemos citar: palestras realizadas em diversas escolas; intercâmbio com cientistas em seus laboratórios e nas escolas; sessões de cinedebate sobre gênero, raça e ciência; oficinas de audiovisual; oficinas de programação e robótica, entre outras.

Por fim, no eixo de "Coleta e análise de dados sobre a inserção de meninas nas ciências", nos interessamos em compreender as expectativas e avaliação das atividades a partir do olhar das pessoas participantes das oficinas e das sessões de cinedebate, as expectativas profissionais e ideias sobre as temáticas abordadas nos projetos entre as estudantes participantes, além de suas percepções sobre raça, gênero e ciência.

Os projetos executam ações específicas para alcançar os objetivos de cada eixo. A formação de estudantes de ensino médio e graduação em temáticas articulando gênero, relações étnico-raciais e ciência ocorre a partir das seguintes ações:

1. Realizamos um grupo de estudos, com reuniões quinzenais, para todas as estudantes envolvidas, com debate de textos sobre as temáticas abordadas nos projetos. O objetivo é propiciar fundamentação teórica adequada para as estudantes, além de fortalecer a oratória, aspectos que impactam no empoderamento das meninas e jovens e, consequentemente, no combate à evasão escolar. Essa atividade tem se mostrado eficaz na formação acadêmico--científica das meninas e jovens participantes, com resultados como projetos de iniciação científica e trabalhos acadêmicos apresentados, premiados e publicados em revistas de impacto. O desenvolvimento de pesquisas envolvendo estudantes da educação básica e da graduação gerou a publicação de cerca de 30 resumos em eventos acadêmicos e quatro artigos completos. Até o momento, os projetos registram 17 premiações em eventos acadêmicos, das quais 15 envolvem estudantes e/ou professores da Educação Básica. Esse resultado expressa a qualidade das ações executadas e o compromisso com a formação científica de meninas negras;

2. Incentivo, preparação e acompanhamento das estudantes para participação em feiras de ciências e concursos acadêmicos. As estudantes são incentivadas a participar de eventos acadêmicos, apresentando os trabalhos desenvolvidos no grupo. Nesse processo, as estudantes da educação básica aprendem a preparar pôsteres e outros formatos de apresentações acadêmicas, antecipando uma experiência comum na vida universitária. A equipe de pesquisadoras e pesquisadores participantes dos projetos fazem a triagem dos eventos, acompanha toda a preparação dos trabalhos, treinamento para apresentação e a participação no evento. Dessa forma, as estudantes já começam a se ver como cientistas em potencial, rompendo barreiras ao se ver em lugares antes inimagináveis. O reconhecimento da capacidade intelectual de meninas e jovens negras e periféricas tem sido um dos pontos-chave dos projetos, levando a que muitas possam se ver nas carreiras acadêmicas;

3. Como atividades de desenvolvimento dos projetos, as estudantes participam de cursos de escrita acadêmica; criação e atualização de currículo Lattes; marketing e redes sociais; apresentações acadêmicas e outras ferramentas importantes para o desenvolvimento acadêmico e científico. Os minicursos e oficinas são oferecidos pela equipe de pesquisadoras e pesquisadores participantes dos projetos e já auxiliaram na formação de centenas de adolescentes. A manutenção do perfil @mulheresnegrasfazendociencia no Instagram (NERY; CABRAL; SOUSA, 2021) possibilita o aprendizado, na

prática, a respeito da produção de conteúdos, estratégias de marketing digital e gerenciamento de mídias sociais, sendo essas habilidades importantes e valorizadas no mercado de trabalho no mundo moderno.

As "ações de inserção na ciência e divulgação científica", como palestras e debates, foram as primeiras atividades desenvolvidas nas instituições parceiras desde 2019. Essas atividades demonstraram o impacto que a representatividade feminina e negra nas ciências pode ter no público. Destaca-se, nestes eventos, a integração universidade-escola, que leva cientistas negras para as instituições parceiras e as estudantes participantes dos projetos para visitas aos laboratórios dessas cientistas, possibilitando uma vivência científica *in loco*. Destacamos, ainda, a integração escola-escola que os projetos promovem ao levar estudantes da educação básica para palestrar em outras escolas, valorizando o ambiente escolar enquanto potência criativa e geradora de aprendizados diversos.

Outro ponto importante nos projetos é a utilização do audiovisual como um dos fundamentos da nossa prática pedagógica, que ocorre em duas frentes: na organização de sessões de cinedebate e na capacitação das meninas para produzirem seus vídeos. Na estratégia do cinedebate, é importante relembrar que filmes diversos podem ser utilizados na escola, mas necessitam de um trabalho específico para serem usados com finalidade pedagógica (FILHO *et al*, 2015). Inserir o cinema na escola, como preconiza a Lei 13006/2014, amplia o universo cultural, social e político das estudantes. Por isso, os projetos se propõem a estimular que as estudantes possam se emancipar, não só a partir da capacidade de olhar com criticidade obras cinematográficas, que muitas vezes servem para reproduzir estereótipos, como a se sentirem capacitadas para criar narrativas capazes de falar delas mesmas e de suas realidades e expectativas.

Após as sessões de cinedebate focadas na temática científica, de gênero e relações étnico-raciais, as estudantes são convidadas a criar seus próprios vídeos. Elas são capacitadas em relação a todas as etapas da produção audiovisual: roteiro, linguagem audiovisual – que envolve o estabelecimento de um público-alvo preferencial para o qual a mensagem será endereçada (ELLSWORTH, 2001); fotografia, captação de som e edição e montagem. Durante a formação, as alunas/produtoras assumem diferentes papéis no processo produtivo dos vídeos, para que elas possam também compreender como a ciência é uma atividade colaborativa e que está também inserida em qualquer obra de arte, ainda que não seja o tema central da história a ser contada. A produção de vídeos por estudantes possibilita ainda que elas se tornem protagonistas no processo de ensino e aprendizagem (CABRAL e PEREIRA, 2019) e subverte a ordem daquilo que a escola produz, desconstruindo a ideia de que apenas quem rege a sala de aula detém o conhecimento. Além disso, as professoras parceiras podem analisar as produções de forma processual ao executarem uma reflexão a respeito dessa prática.

O mesmo processo criativo também está presente nas oficinas de robótica e programação com a utilização de Arduinos. Nesta oficina, introduzimos as estudantes no mundo da programação. O objetivo é despertar o interesse das meninas e mostrar-lhes que a programação e a robótica são muito mais simples e acessíveis do que se imagina. As oficinas realizadas até o momento demonstraram o grande impacto que esta atividade tem, pois as participantes conseguem perceber que uma área considerada tão difícil "para mulheres" é completamente acessível.

Além dos processos formativos teóricos, dos eventos científicos e das oficinas, a formação das participantes dos projetos também envolve a produção midiática educativa e a criação de materiais didáticos. Nessas ações se interseccionam formação e divulgação científica. A formação se dá através de várias grupos de produção, acompanhados pela equipe de pesquisadoras e pesquisadores: 1) produção de jogos educativos, como o "jogo da memória das cientistas negras" (XAVIER *et al.*, 2022); 2) conteúdos diversos (texto, foto, vídeo) para redes e mídias sociais do perfil @mulheresnegrasfazendociencia; 3) livros, cartilhas, zines e outros materiais impressos; 4) podcast e videocast. Todos os materiais abordam gênero, raça e ciência, e divulgam o perfil, trajetória e pesquisas realizadas por cientistas negras. Essas atividades – realizadas desde 2020 – fortalecem a autoestima, autonomia e criatividade das participantes. Além de produzir os materiais, as estudantes de graduação, junto à equipe de pesquisadoras, planejam e executam sequências didáticas com estes materiais em espaços de educação formal e não formal, de educação infantil e ensino fundamental.

Conclusões

A análise das trajetórias de mulheres negras nas ciências revela a persistência de desigualdades estruturais que dificultam sua plena integração e reconhecimento no meio acadêmico. Os dados apresentados sublinham a sub-representação dessas mulheres em posições de destaque e a prevalência de barreiras como racismo e sexismo, que comprometem suas oportunidades de avanço e reconhecimento. Os projetos de extensão "Mulheres negras fazendo Ciência" e "As incríveis cientistas negras" emergem como respostas proativas a essas desigualdades, buscando não apenas evidenciar a atuação das cientistas negras, mas também criar espaços de formação e empoderamento para jovens

Esses processos contribuem para a formação científica das alunas participantes e para o empoderamento das mesmas e também das alunas que participam como ouvintes de todas as atividades ofertadas. Entendemos que o empoderamento é um instrumento de emancipação política e social que leva as pessoas a assumirem uma postura de enfrentamento das opressões impostas pela sociedade. Esse empoderamento pode levar a um processo individual de aquisição de uma identidade e consciência crítica capaz de causar efeitos na coletividade e funcionar como um instrumento de luta social. Assim, entendemos que podemos fomentar nas meninas envolvidas o direito de sonhar ocupar qualquer papel na sociedade, inclusive o papel de cientista.

O impacto destas ações se manifesta em múltiplas dimensões. Por um lado, há uma ampliação do alcance das discussões sobre desigualdade de gênero e raça no meio acadêmico, trazendo essas questões para o debate público e educacional. Por outro, a formação continuada de estudantes e a geração de novos dados de pesquisa estabelecem um ciclo virtuoso de produção de conhecimento e ação comunitária. Os resultados obtidos pelos projetos, como o aumento da participação de estudantes negras em atividades científicas e a divulgação de perfis inspiradores de cientistas negras, demonstram o potencial transformador de iniciativas que combinam pesquisa acadêmica com práticas de extensão. Esses esforços contribuem para a descolonização do conhecimento e a promoção de uma ciência mais inclusiva e representativa da diversidade racial e de gênero do país.

Referências bibliográficas

ALMEIDA, S. *Racismo estrutural*. São Paulo: Pólen, 2019.

BARROS, S. P. *Escravos, libertos, filhos de africanos livres, não livres, pretos, ingênuos:* negros nas legislações educacionais do XIX. Educação e Pesquisa, 2016. V. 42, n. 3, p. 591-605.

BERNARDES, T. *Estudantes da Maré podem ter até 2 anos a menos de aulas que alunos 'do asfalto'*. Notícia preta, 2018. Disponível em: <https:/oticiapreta.com.br/estudantes-da-mare-podem-ter-ate-2-anos-a-menos-de-aulas-que-alunos-do-asfalto/>. Acesso em: 11 de junho de 2024.

BOM DIA RIO. *Quase metade das escolas e creches públicas do Rio tiveram tiroteios no entorno, segundo levantamento.* Portal G1, 2018. Disponível em: https://g1.globo.comjio-de-janeirooticia/tiroteios-no-rio-aconteceram-no-entorno-de-quase-metade-das-escolas-e-creches-publicas.ghtml. Acesso em: 11 de junho de 2024.

BRITISH COUNCIL. *Garotas Stem:* histórias que inspiram 2022. 2024, vol.2. Disponível em:

chrome-extension://efaidnbmnnnibpcajpcglclefindmkaj/https://www.britishcouncil.org.br/sites/default/files/historias_que_inspiram_vol_2.pdf . Acesso em: 15 de março 2024.

CABRAL, L. F. E.; PEREIRA, M. V. *Produção de vídeos em aulas de Biologia por alunos do Ensino Médio.* Educação Pública, 2019. V. 19, n. 6.

CAMPAGNOLI, A. F. P. F. et al. *A mulher, seu espaço e sua missão na sociedade.* Análise crítica das diferenças entre os sexos. Emancipação, 2003. V. 3, n. 1, p. 127-153.

CARNEIRO, S. *Racismo, sexismo e desigualdade no Brasil.* São Paulo: Selo Negro Edições; 2011.

CASEIRA, F. F.; MAGALHÃES, J. C. *Meninas e jovens nas Ciências Exatas, Engenharias e Computação:* raça-etnia, gênero e ciência em alguns artefatos. Diversidade e Educação, 2019. V.7, n.especial, p. 259-275.

CRENSHAW, K. *Documento para o Encontro de Especialistas em Aspectos da Discriminação Racial Relativos ao Gênero*. Estudos Feministas, 2002. Ano 10, nº 1, pp. 171-188.

_____. *A interseccionalidade na discriminação de raça e gênero.* In: VV.AA.Cruzamento: raça e gênero. Brasília: Unifem, 2004.

SILVA, J. *Doutoras professoras negras:* o que nos dizem os indicadores oficiais. Perspectiva, 2010. V. 28, n. 1, p. 19-36.

DAVIS, A. *Mulheres, cultura e política.* São Paulo: Boitempo, 2017.

ELLSWORTH, E. *Modos de endereçamento:* uma coisa de cinema; uma coisa de educação também. In: SILVA, T. T. (Org.). Nunca fomos humanos – nos rastros do sujeito. Belo Horizonte: Autêntica, 2001. P. 7-76.

FERREIRA, L. *Menos de 3% entre docentes da pós-graduação, doutoras negras desafiam racismo na academia.* Gênero e Número, 2018. Disponível em: <http://www.generonumero.media/menos-de-3-entre-docentes-doutoras-negras-desafiam-racismo-na-academia/.> Acesso em: 11 maio de 2024.

FNPETI – FÓRUM NACIONAL DE PREVENÇÃO E ERRADICAÇÃO DO TRABALHO INFANTIL. *Trabalho infantil nos ODS.* Brasília, 2017. Disponível em: https://gestos.org.br/wp-content/uploads/2017/10/84f6ae8786c869b86174ff76d8a66a93.pdf Acesso em: 10 maio de 2024.

HIRATA, H. *Mudanças e permanências nas desigualdades de gênero:* divisão sexual do trabalho numa perspectiva comparativa. Friedrich-Ebert- Stiftung Brasil, 2015.

INEP – INSTITUTO NACIONAL DE ESTUDOS E PESQUISAS EDUCACIONAIS ANÍSIO TEIXEIRA. *Censo da educação superior 2022* – Resumo Técnico. Brasília: INEP, 2023.

LIMA, B. S.; BRAGA, M. L. S.; TAVARES, I. *Participação das mulheres nas ciências e tecnologias:* entre espaços ocupados e lacunas. Revista Gênero, 2015. V. 16, n. 1.

NERY, A. S. D. et al. *Mulheres negras e a divulgação científica nas mídias e redes sociais.* Revista do Edicc, 2021. V. 7, p. 121-128.

OLINTO, G. *A inclusão das mulheres nas carreiras de ciência e tecnologia no Brasil.* Inclusão Social, Brasília, DF, jul./dez. 2011. V. 5, n. 1, p.68-77.

PARENT IN SCIENCE. *Produtividade Acadêmica durante a pandemia:* efeitos de gênero, raça e parentalidade. Parent in Science, 2020. Disponível em:

https://327b604e-5cf4-492b-910b-e35e2bc67511.filesusr.com/ugd/0b341b_81cd8390d0f94bfd8fcd17ee6f29bc0e.pdf?index=true Acesso em: 11 de maio de 2024.

PINTO, E. J. S. et al. *Entre discriminação explícita e velada:* experiências de alunas de física na educação superior. Diversidade e Educação, 2016. V. 4, n. 8, p. 13-32.

FILHO, L. A. C. R. et al. *Contribuições dos estudos de recepção audiovisual para a educação em ciências e saúde.* Alexandria Revista de Educação em Ciência e Tecnologia,2015. 8(2) 143-141.

ROSA, M. A. G.; QUIRINO, R. G. *Relações de gênero na ciência e tecnologia (c&t):* estudo de caso de um Centro Federal de Educação Tecnológica. Diversidade e Educação, 2016. V. 4, n. 8, p. 42-55.

ROSEMBERG, F. *Educação formal, mulher e gênero no Brasil contemporâneo.* Revista Estudos Feministas, São Paulo, jul/dez 2001. V.9, n.2, p.515-540.

SOUSA, A. L. N. et al. *Professoras negras na pós-graduação em saúde:* entre o racismo estrutural e a feminização do cuidado. Saúde em Debate, 2021. V. 45, p. 13-26.

XAVIER, C. O. et al. *Jogo da Memória:* estratégia para a visibilidade de cientistas negras. In: 11ª SEMANA DE INTEGRAÇÃO ACADÊMICA DA UFRJ, 2022, RIO DE JANEIRO. Caderno de resumos da 11ª SIAC. RIO DE JANEIRO: UFRJ, 2022.

SOUZA, K. C. S. *As mulheres na matemática.* Trabalho de Conclusão de Curso (Licenciatura em Matemática). Brasília, Universidade Católica de Brasília, 2006.

SOUZA, C. C. M. et al. *A marginalização da mulher negra na engenharia:* Uma análise do Centro de Tecnologia da UFRJ. In: Anais da Jornada Giulio Massarani de Iniciação Científica, Tecnológica, Artística e Cultural. Anais. Rio de Janeiro(RJ) UFRJ, 2021. Disponível em: https://www.even3.com.br/anais/jgmictac/316539-a-marginalizacao-da-mulher-negra-na-engenharia--uma-analise-do-centro-de-tecnologia-da-ufrj/. Acesso em: 11 de junho de 2024.

VENTURINI, A. C. *Ações afirmativas para pós-graduação:* desenho e desafios da política pública. In: Encontro Anual da ANPOCS, 41. Caxambu, 2017. Anais do 41 Encontro Anual da ANPOCS Caxambu, 2017. Disponível em: https://evento.ufal.br/anaisreaabanne/ Acesso em: 11 de junho de 2024.

WORTMANN, M. L.; VEIGA-NETA, A. *Estudos Culturais da Ciência e Educação*. Belo Horizonte: Autêntica, 2001.

VINUTO, J. *A amostragem em bola de neve na pesquisa qualitativa:* Um debate em aberto. Temáticas. Campinas, Ago-dez, 2014. V.44, n.22, p.203-220.

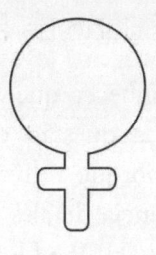

Capítulo 5

Maternidade no contexto da academia e ciência: o princípio de uma transformação

Fernanda Staniscuaski, Gisele Camilo da Mata e Leticia de Oliveira

Nos últimos anos, a academia tem sido objeto de um intenso escrutínio em relação à sua capacidade de promover a igualdade de gênero e a equidade em todas as suas facetas. Apesar dos avanços alcançados em muitos aspectos, persistem desigualdades profundas que afetam negativamente a participação e o progresso de determinados grupos, incluindo mulheres e, em especial, mães. Há uma urgente necessidade de uma mudança substancial na cultura e nas práticas acadêmicas, visando tornar o ambiente acadêmico verdadeiramente inclusivo e diverso. Em 2016, surge o movimento Parent in Science[1], que vem promovendo uma transformação significativa, onde as vivências e lutas das mães acadêmicas são o motor propulsor rumo a uma academia mais equitativa e justa, que valorize e promova a diversidade, a equidade e a excelência em todas as suas formas.

---
[1] www.parentinscience.com

A (falta de) diversidade na academia

É importante reconhecer que a falta de diversidade na ciência vai além da questão de gênero. Isso é um problema importante porque a diversidade é fundamental para construir uma ciência de alta qualidade e inovadora (NIELSEN et al, 2017; HOFSTRA et al, 2020). Pessoas negras, indígenas, quilombolas e de outras etnias minoritárias, assim como pessoas com deficiência, também estão ausentes em muitas áreas da ciência, enfrentando barreiras semelhantes ou até mesmo exacerbadas devido à interseccionalidade de sua identidade (VALENTE, 2017; VERONEZI et al, 2022; MAYS et al, 2023;). Além disso, indivíduos pertencentes a comunidades LGBTQIAP+ enfrentam discriminação e marginalização no ambiente acadêmico, contribuindo para a sub-representação e criando um ambiente de trabalho hostil para aqueles que fogem das normas de gênero e sexualidade (GIBNEY, 2019; CECH e WAIDZUNAS, 2021). A existência de grupos sub-representados não apenas priva a ciência de perspectivas valiosas e talentos diversificados, mas também perpetua desigualdades sistêmicas que impactam negativamente a sociedade como um todo. As barreiras enfrentadas por esses grupos na ciência são sintomáticas de um sistema que favorece a homogeneidade em detrimento da inclusão e da equidade.

A sub-representação das mulheres na academia é um fenômeno amplamente documentado e persistente, refletindo desigualdades estruturais profundamente enraizadas em muitas áreas da academia, em especial em campos STEM (Ciência, Tecnologia, Engenharia e Matemática). No Brasil, mulheres já representam a maioria dos estudantes de graduação, mas à medida que avançamos na carreira acadêmica, mulheres tornam-se sub-representadas em todos os postos (VALENTOVA *et al*, 2017; ARÊAS *et al*, 2020). No que se refere às bolsas de produtividade em pesquisa do CNPq, esta desigualdade é marcante, como já assinalado no Capítulo 2 deste livro. Os capítulos 2 e 3 dão conta que, quando cruzados com a questão racial, os dados de desigualdade são ainda mais preocupantes (PARENT IN SCIENCE, 2023).

A disparidade de gênero na ciência e nas carreiras acadêmicas não é nova e já foi exposta de várias maneiras, como em relação às transições de carreira (LERCHENMUELLER e SORENSON, 2018), registro de patentes (FRIETSCH *et al*, 2009; WHITTINGTON, 2011; HUNT *et al*, 2013) e publicações (BROOKS *et al*, 2014). Além disso, prêmios e posições de alto status são menos propensos a serem concedidos a mulheres na ciência (LUNNEMAN *et al*, 2019) e uma lacuna de financiamento e salarial é observada em vários países (SHEN, 2013; VALENTOVA *et al*, 2017; JAMES *et al*, 2019), mostrando que a equidade de gênero na ciência está longe de ser alcançada. Apesar das boas intenções, os padrões e atitudes dentro dos ambientes acadêmicos funcionam sistematicamente contra as mulheres (MIT, 1999). Sistemas de avaliação e avanço na carreira baseados em métricas rígidas contribuem em muito para as desigualdades de gênero na academia (KREFTING, 2003; VAN DEN BRINK e BENSCHOP, 2011; STANISCUASKI, 2023). As posições de destaque nas hierarquias institucionais são dominadas por homens, os guardiões que avaliam o desempenho, o que ajuda a manter a perspectiva masculina (ACKER, 2006; TREVIÑO *et al*, 2015).

Abordar a falta de diversidade na academia e na ciência requer uma visão holística e interseccional que reconheça e enfrente as múltiplas formas de discriminação e exclusão presentes na academia e na sociedade em geral. Questões raciais se intersectam com gênero e influenciam a representação das mulheres na academia, onde mulheres negras enfrentam um duplo viés e múltiplos desafios em um ambiente racialmente estratificado, caracterizado por hierarquias raciais e de gênero disfuncionais de instituições predominantemente brancas (HARRIS e GONZALEZ, 2012; LANGIN, 2019). Acadêmicas negras representam uma parcela muito pequena da população docente em geral, compreendendo apenas 2% dos cientistas e engenheiros em exercício (NSF, 2015) e dos professores em tempo integral em instituições de pesquisa (FARLAND *et al*, 2019) nos Estados Unidos, por exemplo. No Brasil, as mulheres negras representam apenas 3% dos orientadores de doutorado (SILVA, 2010; MORCELLET *et al*, 2019). Existem muitas razões para essa sub-representação de mulheres negras na ciência, incluindo racismo sistêmico, falta de representação e estereótipos baseados em raça (MCGEE e BENTLEY, 2017). Mulheres negras têm menos redes de apoio do que homens, o que pode influenciar negativamente sua trajetória profissional (COLLINS e STEFFEN-FLUHR, 2019; FEENEY e BERNAL, 2010), além de frequentemente experimentarem isolamento e um sentimento de "não pertencimento" em um ambiente hostil e repleto de vieses, como a academia (TROWER e CHAIT, 2002; ONG *et al*, 2011). Como proposto por Smith *et al* (2007), sentimentos de isolamento e não pertencimento podem desencadear a "fadiga racial de batalha" em mulheres negras, ou seja, o "resultado cumulativo de uma resposta natural ao estresse relacionado à raça a condições mentais e emocionais angustiantes" que impacta adversamente a saúde e realizações das pessoas negras (CORBIN *et al*, 2018; SMITH *et al*, 2007). Na academia, as redes desempenham um papel direto no sucesso profissional por meio de oportunidades de emprego, publicação e participação em eventos, além de impactos menos diretos, como posicionar pesquisadores mais próximos das tendências de pesquisa emergentes, o que lhes permite trabalhar com os dados mais recentes (HEFFERNAN, 2020).

A maternidade

Existem vários fatores que contribuem para a sub-representação das mulheres em posições superiores e liderança na academia e na ciência, estereótipos de gênero, preconceitos conscientes e vieses implícitos são alguns exemplos (REUBEN *et al*, 2014; GASTON, 2015; CARLI *et al*, 2016; CALAZA *et al*, 2021). No entanto, um dos principais fatores que influenciam a trajetória profissional das mulheres na ciência ainda é um tópico pouco estudado: a maternidade. As mães continuam a lutar por um lugar nas esferas acadêmicas e científicas (ISGRO e CASTAÑEDA, 2015) e mitos e incompreensões sobre esse assunto desviam esforços e recursos destinados a resolver o problema (VERNIES e VALA, 2018). Williams e Ceci (2012), estudando o impacto da maternidade na carreira das mulheres, concluíram que o efeito dos filhos na carreira acadêmica das mulheres é tão marcante que eclipsa outros fatores que contribuem para a sub-representação das mulheres na ciência. De acordo com Whittington (2011), na academia, as mães têm menos probabilidade de registrar patentes do que homens e mulheres sem filhos, e Kyvic (1990) demonstrou que mulheres com filhos menores de dez anos são consideravelmente menos produtivas do que seus colegas homens. Recentemente, resultados similares foram encontrados em diferentes países, incluindo o Brasil (MACHADO *et al*, 2019; MORGAN *et al*, 2021). A pandemia de Covid-19 exacerbou mais ainda o impacto do cuidado com os filhos na produtividade acadêmica das mulheres (MYERS *et al*, 2020; STANISCUASKI *et al*, 2020; STANISCUASKI *et al*, 2021). Manter uma carreira em paralelo à maternidade é particularmente desafiador em áreas altamente masculinizadas, como STEM (HERMAN e LEWIS, 2012). Por exemplo, foi demonstrado que pais e mães são significativamente menos propensos do que seus colegas sem filhos a permanecerem na ciência em tempo integral após o nascimento ou adoção do primeiro filho, com 23% dos novos pais e 43% das novas mães trocando o emprego em tempo integral na ciência por outros tipos de emprego ou deixando totalmente o mercado de trabalho (CECH e BLAIR-LOY, 2019). A "penalidade da maternidade" na academia é um problema mundial, mas o reconhecimento do problema pela comunidade acadêmica é muito recente, sendo o desenvolvimento de ações e políticas eficazes para resolvê-lo bastante escasso. Políticas direcionadas para mães e pais, que tentam nivelar a competitividade ajustando medidas de produtividade para considerar o cuidado infantil, foram adotadas em algumas instituições. No entanto, políticas que não consideram gênero têm consequências não intencionais que acabam por prejudicar as mulheres (ANTECOL *et al*, 2018).

A maternidade dentro do contexto acadêmico enfrenta obstáculos significativos, incluindo o desequilíbrio entre as responsabilidades familiares e as exigências profissionais, que muitas vezes são incompatíveis. As mulheres dedicam significativamente mais tempo ao trabalho doméstico do que os homens (BIANCHI *et al*, 2012), incluindo mulheres em carreiras científicas (GUPTA *et al*, 2005; JOLLY *et al*, 2014). Em média, as mulheres gastam duas horas a mais (5,7 horas) por dia do que os homens (3,6 horas) com cuidados, limpeza, cozinha e outras tarefas domésticas nos Estados Unidos (HESS *et al*, 2020). No Brasil, mulheres não ocupadas dedicaram em média 24,5 horas semanais a afazeres domésticos e/ou cuidado de pessoas, enquanto o homem não ocupado dedicou apenas 13,4 horas em 2022. As mulheres ocupadas dedicaram, em média, 6,8 horas a mais que os homens ocupados aos afazeres domésticos e/ou cuidado de pessoas (IBGE, 2023). Essa divisão desigual das tarefas domésticas entre homens e mulheres têm um grande impacto nas carreiras das mulheres, incluindo custos de emprego e econômicos, já que muitos cuidadores reduzem o tempo dedicado ao trabalho remunerado (LILLY; LAPORTE; COYTE, 2007). O tempo reduzido dedicado à força de trabalho remunerado leva a menos oportunidades de avanço profissional, uma vez que uma "posição bem-sucedida" em cargos de liderança frequentemente envolve longas horas de trabalho. Essas oportunidades mais limitadas de promoção podem contribuir para a disparidade de gênero, especialmente no auge da carreira das mulheres. Considerando o ônus da maternidade em particular, as mulheres podem sofrer uma diminuição na produtividade do trabalho após o nascimento dos filhos

(GALLEN, 2018; MACHADO *et al*, 2019). Como resultado, ocorre um aumento na disparidade de gênero após a maternidade em muitos campos (ANGELOV *et al*, 2016; HARDOY *et al*, 2017; KLEVEN *et al*, 2019; COLLINS *et al*, 2020), incluindo a academia, onde as mães dedicam 8,5 horas a mais por semana a tarefas parentais ou domésticas e menos tempo à pesquisa do que os pais (MASON e GOULDEN, 2004; JOLLY *et al*, 2014). As acadêmicas também assumem tarefas como acordar durante a noite e ficar em casa para cuidar de um filho doente (RHOADS e RHOADS, 2012). Essa divisão assimétrica de tarefas parentais e domésticas pode ser refletida em uma diminuição no número de publicações científicas anuais (MACHADO *et al*, 2019), afetando assim a progressão na carreira das mães na academia. Não podemos esquecer que a pandemia de Covid-19 representou um agravante nesta situação, intensificando os desafios enfrentados pelas mães acadêmicas, especialmente em relação ao equilíbrio entre trabalho e vida pessoal (STANISCUASKI *et al*, 2021a). No Brasil, mulheres negras e mães foram os grupos mais impactados entre os cientistas, apresentando uma queda na taxa de artigos submetidos e na possibilidade de cumprir prazos relacionados ao trabalho, durante os meses de isolamento social (STANISCUASKI *et al*, 2021b). Esses fatores agravam as disparidades existentes na ciência, destacando a necessidade urgente de políticas e práticas que apoiem as mães na academia durante os períodos de crise e além (STANISCUASKI *et al*, 2021c).

Mães em disciplinas STEM percebem que precisam trabalhar mais do que pais em STEM e mães que não estão em disciplinas STEM, possivelmente devido à cultura de trabalho masculina neste meio (KMEC, 2013). No entanto, um estudo recente mostrou que o viés de gênero ainda está presente em setores equilibrados em termos de gênero e com grande participação de mulheres, incluindo o ensino superior (STEPHENSON *et al*, 2022). Em um estudo realizado entre cientistas brasileiros, mães relataram uma prevalência maior de preconceito negativo em seus locais de trabalho em comparação com os pais (STANISCUASKI *et al*, 2023). Mulheres com filhos, portanto, enfrentam maiores dificuldades na progressão de suas carreiras acadêmicas em comparação com seus colegas homens ou mulheres sem filhos. Essas disparidades refletem não apenas a falta de suporte institucional, mas também a persistência de estereótipos de gênero arraigados que associam a maternidade à falta de compromisso profissional. Além disso, a maternidade muitas vezes é percebida como uma "pausa" na carreira, desvalorizando as contribuições e conquistas das mulheres acadêmicas que são mães. Essa percepção prejudicial não apenas afeta a progressão profissional das mães acadêmicas, mas também perpetua um ciclo de desigualdade de gênero na academia.

Pluralidade

A pluralidade das experiências maternas, na academia e fora dela, é uma realidade complexa e multifacetada que merece atenção especial. É crucial reconhecer e abordar as questões específicas enfrentadas por diferentes grupos de mães, sejam elas pessoas com deficiência ou mães de pessoas com deficiência, mães indígenas, mães negras, mães solo ou mães LGBTQIA+ (MELLO-CARPES *et al*, 2022;

FERREIRA, 2022). É essencial considerar essas diversas experiências e identificar soluções inclusivas que atendam às necessidades de todas as mães que fazem parte da comunidade acadêmica. Infelizmente, estudos que considerem todas essas interseções ainda são poucos, o que impede o desenvolvimento de políticas verdadeiramente inclusivas. Por exemplo, ainda não existem estudos sobre como casais LGBTQIA+ que não estão em relações heterossexuais tradicionais equilibram as responsabilidades de cuidado e quais os impactos a parentalidade tem em suas carreiras acadêmicas e científicas. Da mesma forma, estudos que destacam as experiências de mulheres mães negras na academia são ainda escassos (ROGERS *et al*, 2019). Mas considerando a constituição da ciência moderna, em um contexto social que circunscreve as mães ao ambiente doméstico e as mulheres negras à servidão, sabe-se que as mulheres mães negras têm acumulado em sua trajetória acadêmica inúmeras desvantagens fruto das intersecções entre múltiplas formas de opressão (SILVA, 2020).

No que se refere a criar um filho com deficiência, é importante destacar a presença de um investimento parental significativo, maior do que o necessário para crianças com desenvolvimento típico, que pode incluir cuidados médicos especializados, inúmeras visitas médicas e apoio coordenado de várias áreas da saúde (LUIJLX *et al*, 2017), configurando um investimento financeiro e emocional significativo. Além disso, a questão de gênero é um marcador importante neste campo. As mães são frequentemente as principais cuidadoras e assumem papéis adicionais, como gestora de casos, terapeuta e professora com pouco (ou nenhum) investimento dos pais (VILANOVA *et al*,

2022). No estudo de Demyer e Goldberg (1983), notam-se as diferenças nos resultados em que as mães de autistas apresentam maiores riscos de crise e estresse parental em relação aos pais. Dito isto, para pensarmos a configuração maternidade atípica e o imbricamento de gênero e deficiência na experiência materna na academia e na ciência, partimos do campo de estudos feministas da deficiência (*feminist disability studies*) à luz do modelo social (DINIZ, 2007). Enquanto categorias de análises que se atravessam, gênero, maternidade e deficiência contribuem sobretudo para produção de políticas públicas, mas também para produção científica. Nesse sentido, sozinhos, esses marcadores sociais da diferença não dão conta do impacto nas subjetividades de mulheres-mães, cientistas e pesquisadoras, por isso a relevância de considerá-los interseccionais. Ainda assim, muitas mulheres seguem fazendo pesquisa e transformando a ciência, a partir de suas epistemologias e experiências subjetivas, sendo mães atípicas, pesquisadoras e cientistas.

Com relação à saúde mental, a presença das intersecções de gênero, maternidade, questões étnico-raciais e presença de deficiência são um importante fator de vulnerabilidade. Alguns estudos têm destacado a particular vulnerabilidade da saúde mental entre as mães negras. Por exemplo, Campbell-Grossman *et al* (2016) conduziram um estudo com mães negras de adolescentes para investigar a relação entre sintomas depressivos, estresse percebido e apoio social. Eles descobriram que mais da metade das mães negras apresentavam sintomas depressivos. Além disso, o estudo revelou que a falta de apoio e o estresse percebido por essas mães estavam associados a um aumento nestes sintomas. Siefert *et al* (2007) conduziram um estudo com mães negras, revelando que 34% de sua amostra tinha probabilidade de receber um diagnóstico de depressão. Importante, essas mães com sintomas depressivos relataram falta de apoio social e discriminação cotidiana. A percepção de discriminação cotidiana teve uma forte associação com sintomas depressivos, indicando que a discriminação racial desempenhou um papel significativo na saúde mental das mães negras. Assim como as mães negras, as mães de crianças com deficiência também encontram desafios adicionais (KIMURA *et al*, 2017; BOSTRÖM *et al*, 2011). De fato, essas mães enfrentam mais estresse e uma maior prevalência de problemas de saúde mental (MINICHI *et al*, 2019; SONUNE *et al*, 2021). Por exemplo, Sharma *et al* (2021) demonstraram que entre as mães de crianças com deficiência, 91,8% apresentavam pontuações indicativas de ansiedade, 66,3% para depressão e 64,3% para ambos, ansiedade e depressão. No entanto, é essencial enfatizar que ter um filho com deficiência pode levar a efeitos positivos nos membros da família. De acordo com Beighton e Wills (2017), os aspectos positivos frequentemente mencionados de ser pai ou mãe de uma criança com deficiência intelectual incluem um aumento do sensação de força pessoal e confiança, prioridades alteradas, uma maior apreciação pela vida, alegria nas conquistas da criança, fé ou espiritualidade aprimoradas, relacionamentos mais significativos e a influência positiva da criança na comunidade em geral. Portanto, é possível que essas percepções positivas coexistam com ansiedade e depressão (HASTINGS *et al*, 2005; VILASECA *et al*, 2014) e o impacto positivo gerado por estas crianças na comunidade deve ser considerado.

Uma visão ultrapassada de sucesso

Na academia, persiste uma visão ultrapassada de sucesso, onde as normas inflexíveis delineiam uma trajetória linear de ascensão profissional. Essa abordagem pressupõe uma progressão contínua da graduação para a pós-graduação, pós-doutorado e, por fim, uma posição acadêmica permanente (MAVRIPLIS *et al*, 2010). Este modelo de *pipeline* implica que a conclusão bem-sucedida de cada etapa acadêmica dentro de um prazo específico leva a um resultado positivo. O modelo de *pipeline* é estruturado de forma que a não participação em qualquer ponto seja considerada equivalente a abandonar o sistema e um retorno posterior ao *pipeline* é considerado altamente improvável. A rigidez deste modelo exclui outros caminhos de carreira. Além disso, o modelo de *pipeline* está configurado para a carreira masculina típica do século XIX, na qual o homem focava exclusivamente em sua carreira e tinha uma mulher cuidando de todos os outros aspectos da sua vida. Qualquer desvio desse caminho esperado é frequentemente interpretado como falta de determinação, compromisso e entusiasmo, alimentando uma cultura de estigmatização e desvalorização das experiências que se distanciam desses padrões estabelecidos.

Outro desafio premente que necessita de abordagem urgente é a cultura de excesso de trabalho. Essa cultura, além de afetar adversamente a saúde mental de toda a comunidade acadêmica (FERREIRA e OLIVEIRA, 2022), resulta em um desequilíbrio entre vida profissional e pessoal, especialmente para os cientistas com filhos, particularmente as mães (DEMIREL e ERDIRENÇELEBI, 2019). A expectativa irrealista de disponibilidade 24 horas por dia impõe uma pressão significativa sobre essas mães, levando-as a serem vistas e tratadas como menos comprometidas com seu trabalho. Esse ciclo vicioso de excesso de trabalho e exaustão é agravado pela falta de políticas públicas para o cuidado abrangentes e pelo estigma associado à interrupção da carreira para cuidar dos filhos.

A pressão para se encaixar nesse molde predefinido muitas vezes sobrecarrega os indivíduos, comprometendo não apenas seu bem-estar, mas também sua capacidade de contribuir de forma significativa para a comunidade acadêmica. Essa rigidez estrutural impõe desafios significativos aos acadêmicos, resultando em esgotamento, problemas de saúde mental e, em muitos casos, o abandono precoce de carreiras que prometiam ser promissoras. A necessidade de conformidade com os padrões tradicionais também limita a diversidade de perspectivas e experiências na academia, tornando-a menos inclusiva e dinâmica. Aqueles que não se enquadram na norma são frequentemente marginalizados e desencorajados de perseguir caminhos alternativos que possam enriquecer o ambiente acadêmico como um todo. Diante desse panorama, é crucial desafiar e reformular as concepções antiquadas de sucesso na academia. Isso requer uma abordagem mais flexível e aberta, que reconheça e valorize a diversidade de trajetórias profissionais e experiências individuais. Somente ao romper com esses paradigmas ultrapassados podemos construir uma academia mais saudável, inclusiva e verdadeiramente inovadora para o futuro.

A mudança

Essa luta persistente contra estruturas inflexíveis motivou um grupo distinto – as mães acadêmicas – a emergir como potenciais catalisadoras de mudanças transformadoras. Navegando pelo delicado equilíbrio entre responsabilidades de cuidado e aspirações acadêmicas, as mães acadêmicas possuem uma compreensão sutil dos desafios impostos por um sistema que frequentemente exige comprometimento inabalável. Elas entendem intimamente o ônus imposto por um sistema que luta para acomodar a natureza multifacetada da vida. Por tempo demais, as mães perderam seu lugar na academia, empurradas para fora devido a uma cultura rígida que confunde dedicação com sacrifício.

Mas nos últimos anos, movimentos organizados ganharam força em todo o mundo. Iniciativas como os movimentos Parent in Science e Mothers in Science[2], bem como os coletivos de mães estudantes de todo o Brasil[3], surgiram em meio a um contexto de desafio e mudança. Mães acadêmicas, unidas por uma causa comum, se organizaram para fazer demandas por transformação dentro do cenário acadêmico e científico. Essa advocacia, no entanto, se estende além das aspirações individuais; ela tem o potencial de remodelar a academia em um ambiente verdadeiramente inclusivo. As demandas feitas pelas mães, enquanto buscam enfrentar seus desafios específicos, inerentemente defendem um espaço acadêmico mais equitativo e justo.

---

[2] www.mothersinscience.com

[3] https://www.google.com/maps/d/viewer?mid=1UFEM6Nn-bNEGQPj7Y2tr5k tBZAEhQL0u&shorturl=1&ll=-12.491511235029805%2C- -57.08616192447391&z=3

Essa busca por mudança aspira não apenas beneficiar as mães, mas criar um efeito em cascata, promovendo um ambiente mais inclusivo para todos que foram historicamente excluídos da esfera acadêmica devido a um sistema incapaz de acomodar as realidades daqueles que passaram a ocupar esses espaços nas últimas décadas.

As demandas das mães não são um pedido de tratamento preferencial; são, na verdade, um apelo por uma recalibração fundamental das prioridades acadêmicas. Nessa recalibração, os elementos essenciais devem incluir uma reavaliação do sistema de valores que domina atualmente a academia. Fomentar uma cultura que reconheça a diversidade de caminhos para a excelência é crucial. As instituições acadêmicas devem reconhecer que o sucesso não é uma realização única e abraçar a multiplicidade de habilidades e experiências que contribuem para as buscas acadêmicas. Essa recalibração é um modelo para uma nova academia, uma que seja verdadeiramente inclusiva e preocupada com a excelência além da medida das horas trabalhadas.

Ações para a Transformação

Agora, vamos aprofundar as mudanças necessárias para um ambiente acadêmico verdadeiramente inclusivo e orientado para a excelência.

1. Desestigmação das pausas na carreira:
- Instituir políticas que formalmente reconheçam e normalizem as pausas na carreira, sejam elas para cuidado de filhos ou familiares, seja por questões de saúde ou outras, garantindo que esses períodos não sejam vistos como lacunas na produtividade.

- Implementar critérios de avaliação e promoção que reconheçam formalmente as pausas na carreira como períodos válidos. Comitês de avaliação devem considerar as pausas na carreira como uma parte normal da trajetória profissional, sem penalizações. A documentação oficial pode incluir seções específicas para explicar pausas na carreira.

- Ajustar os prazos de produção acadêmica e metas de publicação para quem passou por pausas na carreira. Por exemplo, se uma pessoa teve uma pausa de um ano para cuidar de um familiar, os prazos para submissão de artigos, relatórios de pesquisa ou outros requisitos podem ser estendidos proporcionalmente. Isso pode ser regulamentado por políticas institucionais que permitam extensões automáticas baseadas na duração da pausa.

- Oferecer incentivos para quem retorna de pausas na carreira, como financiamento inicial para novos projetos de pesquisa, redução temporária da carga de ensino ou administrativa, ou apoio administrativo adicional.

- Realizar campanhas de sensibilização dentro das instituições para educar toda a comunidade acadêmica sobre a importância e a normalidade das pausas na carreira. Isso pode incluir workshops, seminários e materiais informativos que desmistificam preconceitos e promovem uma cultura de aceitação e apoio. Por exemplo, a universidade pode organizar uma "Semana de Reconhecimento das Trajetórias Diversas", com palestras e painéis discutindo o valor das experiências adquiridas durante as pausas na carreira.

2. Transparência nos critérios de promoção e reconhecimento:

- Definir e divulgar critérios claros e transparentes para promoção e reconhecimento, garantindo que todos tenham uma compreensão clara das expectativas e dos padrões de desempenho.

- Estabelecer comitês de avaliação diversificados e treinados para avaliar candidatos de forma imparcial e justa.

- Implementar processos de revisão e avaliação regulares para garantir que os critérios de promoção sejam adequados e estejam sendo aplicados de maneira consistente e equitativa em toda a instituição.

3. Incentivo institucional à diversidade:

- Apoiar a criação de grupos e comitês institucionais dedicados a promover a representação e a participação de grupos sub-representados, oferecendo recursos financeiros, espaço e suporte logístico.

- Realizar eventos e conferências dedicados à celebração da diversidade, proporcionando oportunidades de networking e visibilidade para acadêmicos de todas as origens e identidades.

- Estabelecer prêmios para reconhecer e apoiar estudantes, pesquisadoras(es) e docentes que demonstrem contribuições significativas para a diversidade e a inclusão.

- Criar oportunidades de reconhecimento e promoção para aqueles que contribuem de forma significativa para as atividades administrativas ou de gestão, valorizando essas responsabilidades como parte integral da comunidade acadêmica.

4. Promoção de uma cultura institucional de equilíbrio e arranjos de trabalho flexíveis:

- Desenvolver e implementar políticas institucionais que promovam um equilíbrio saudável entre trabalho e vida pessoal, reconhecendo a importância do bem-estar dos acadêmicos.

- Oferecer opções de horários flexíveis de trabalho, incluindo a possibilidade de comprimir a semana de trabalho ou estabelecer horários personalizados de acordo com as necessidades individuais.

- Criar políticas de gestão do tempo e produtividade que incentivem uma cultura de trabalho eficiente e equilibrada, evitando horas extras excessivas e promovendo o uso adequado do tempo livre.

5. Investimento em bem-estar e saúde mental:

- Desenvolver campanhas institucionais para combater a cultura de excesso de trabalho e abordar a distinção entre dedicação e sacrifício pessoal.

- Revisar e redefinir as métricas de sucesso acadêmico para incluir considerações sobre a qualidade de vida e o bem-estar. Isso pode envolver a criação de indicadores que valorizem o equilíbrio entre vida pessoal e profissional, além de medidas tradicionais de produtividade.

- Implementar políticas que permitam ajustes na carga de trabalho e horários flexíveis, especialmente durante períodos de alta demanda pessoal ou familiar. Isso pode incluir a possibilidade de trabalho remoto, semanas de trabalho reduzidas ou horários flexíveis para acomodar necessidades pessoais. Instituir uma política que permita a redução temporária da carga horária de ensino ou de pesquisa para aquelas (es) que enfrentam desafios pessoais significativos.

- Oferecer acesso fácil e confidencial a serviços de apoio à saúde mental, incluindo aconselhamento psicológico, grupos de apoio e programas de intervenção precoce.

- Promover uma cultura institucional de sensibilização e educação contínua sobre a importância do bem-estar e da saúde mental. Organizar eventos, palestras e campanhas de conscientização que desmistifiquem o estigma associado à busca de ajuda para questões de saúde mental e que promovam um ambiente de apoio mútuo e compreensão.

Estas ações para a transformação (Figura 1) são derivadas das experiências coletivas das mães acadêmicas mas, muito além de abordar os desafios enfrentados por elas, essas mudanças propostas têm implicações profundas para toda a comunidade acadêmica. Não apenas propõe uma visão de mudança, mas esboça um plano prático para uma academia que seja inclusiva, adaptável e sustentável. Não é apenas uma sugestão para um ajuste menor nos sistemas dentro da academia. É um chamado claro para uma mudança cultural profunda. É um convite para redefinir o sucesso na academia, reconhecendo e apreciando a riqueza que advém da diversidade de contribuições acadêmicas.

Figura 1: Roteiro para a Transformação da Academia.
Ações e políticas para transformar o ambiente acadêmico, focando na normalização das pausas na carreira, na transparência dos processos de seleção e promoção, incentivo à diversidade, equilíbrio entre trabalho e vida pessoal e investimento no bem-estar e saúde mental, promovendo um espaço inclusivo e de apoio para toda a comunidade acadêmica.

- Reconhecimento e normalização de pausas
- Critérios de avaliação e promoção ajustados
- Extensão de prazos acadêmicos
- Incentivos ao retorno
- Campanhas de sensibilização

- Critérios claros e transparentes
- Comitês diversificados e imparciais
- Revisões regulares dos critérios

- Apoio a grupos e comitês institucionais
- Eventos e conferências de celebração da diversidade
- Prêmios de diversidade e inclusão
- Reconhecimento de contribuições administrativas

- Políticas de equilíbrio trabalho-vida pessoal
- Opções de horários flexíveis
- Gestão do tempo e produtividade

- Combate à cultura de excesso de trabalho
- Revisão de métricas de sucesso
- Ajustes na carga de trabalho
- Acesso a serviços de apoio à saúde mental
- Promoção contínua do bem-estar

Conclusões

É crucial para a academia embarcar em uma jornada rumo a um futuro onde o sucesso seja medido não pelo sacrifício, mas pela integração equilibrada da satisfação pessoal e profissional. A defesa de uma cultura de equilíbrio representa uma mudança sísmica nas normas acadêmicas. Embora essa mudança seja crucial para apoiar as mães acadêmicas, ela também promove um ambiente onde cada membro da comunidade acadêmica pode prosperar. Apresentamos aqui um conjunto de soluções inspiradas nas jornadas das mães acadêmicas, mas que se torna um plano visionário que, uma vez implementado, levará a uma mudança de paradigma beneficiando toda a comunidade acadêmica. As mudanças propostas não são intervenções isoladas; são iniciativas interconectadas que, quando realizadas, impulsionarão a academia em direção a um futuro caracterizado por uma excelência sustentada para todos.

Referências bibliográficas

ARÊAS, R. et al. *Gender and the scissors graph of Brazilian science:* From equality to invisibility. Open Sci Framework 2020. Disponível em https://www.researchgate.net/publication/342541642_Gender_and_the_scissors_graph_of_Brazilian_science_from_equality_to_invisibility Acesso em: 3 jun. 2024.

BEIGHTON, C.; Wills, J. *Are parents identifying positive aspects to parenting their child with an intellectual disability or are they just coping?* A qualitative exploration. Journal of Intellectual Disabilities, 2017. 21(4), 325–345. Disponível em: https://doi.org/10.1177/1744629516656073 Acesso em: 5 jun. 2024.

BOSTRÖM, P. K.; BROBERG, M.; BODIN, L. *Child's positive and negative impacts on parents:* A person-oriented approach to understanding temperament in preschool children with intellectual disabilities. Research in Developmental Disabilities, 2011. 32(5), 1860–1871. Disponível em: https://doi.org/10.1016/j.ridd.2011.03.017 Acesso em: 5 jun. 2024.

CAMPBELL-GROSSMAN, C. et al. *Low-Income, African American, adolescent mothers' depressive symptoms, perceived stress, and social support.* Journal of Child and Family Studies, 2016. 25(7), 2306–2314. Disponível em: https://doi.org/10.1007/s10826-016-0386-9 Acesso em: 5 jun. 2024.

CECH, E. A.; WAIDZUNAS, T. J. *Systemic inequalities for LGBTQ professionals in STEM.* Science Advances, 2021. Disponível em: https://doi.org/10.1126/sciadv.abe0933 Acesso em: 5 jun. 2024.

DEMYER, M. K.; GOLDBERG, P. *Family needs of the autistic adolescent.* In E. Schopler & G. B. Mesibov (Orgs.), Autism in adolescents and adults (pp. 225-250). New York: Plenum Press, 1983.

DEMIREL, E.E.; ERDIRENÇELEBI, M. *The relationship of burnout with workaholism mediated by work-family life conflict:* A study on female academicians. Journal of Language and Linguistic Studies, 2019. 15(4), 1300-1316. Disponível em https://doi.org/10.17263/jlls.668436 Acesso em: 5 jun. 2024.

DINIZ, D. *O que é deficiência.* São Paulo: Brasiliense, 2007. Disponível em https://www.fcm.unicamp.br/fcm/sites/default/files/2016/page/texto_o_que_e_deficiencia-2.pdf Acesso em: 5 jun. 2024.

FERREIRA, C. G.; OLIVEIRA, L. E. *Produtivismo acadêmico:* Da intensificação do trabalho ao adoecimento. Revista Valore, 2022. 7 (edição especial), 46-58.

FERREIRA, T. *O desafio invisibilizado da maternidade solo na academia.* Jornal da Universidade, Universidade Federal do Rio Grande do Sul, 2022. Disponível em: https://www.ufrgs.br/jornal/o-desafio-invisibilizado-da-maternidade-solo-na-academia/ Acesso em: 5 jun. 2024.

GIBNEY, E. *Discrimination drives LGBT+ scientists to think about quitting.* Nature, 2019. 571(7763), 16-17. Disponível em: https://doi.org/10.1038/d41586-019-02013-9 Acesso em: 5 jun. 2024.

HASTINGS, R. P et al. *Systems analysis of stress and positive perceptions in mothers and fathers of pre-school children with autism.* Journal of Autism and Developmental Disorders, 2005. 35(5), 635–644. Disponível em: https://doi.org/10.1007/s10803-005-0007-8 Acesso em: 5 jun. 2024.

HOFSTRA, B. et al. *The diversity–innovation paradox in science.* Proceedings of the National Academy of Sciences, 2020. 117(17), 9284-9291. Disponível em: https://doi.org/10.1073/pnas.1915378117 Acesso em 5 jun. 2024.

HUNT, J. et al. *Why are women underrepresented amongst patentees?* Research Policy, 2013. 42(4), 831-843. Disponível em: https://doi.org/10.1016/j.respol.2012.11.004 Acesso em: 5 jun. 2024.

KIMURA, M.; YAMAZAKI, Y. *Having another child without intellectual disabilities:* Comparing mothers of a single child with disability and mothers of multiple children with and without disability. Journal of Intellectual Disabilities, 2019. 23(2), 216–232. Disponível em: https://doi.org/10.1177/1744629517749129 Acesso em: 5 jun. 2024.

LERCHENMUELLER, M. J.; SORENSON, O. *The gender gap in early career transitions in the life sciences.* Research Policy, 2018. 47(6), 1007-1017. Disponível em: https://doi.org/10.1016/j.respol.2018.02.009 Acesso em: 5 jun. 2024.

LUIJKX, J.; VAN DER PUTTEN, A. A. J.; VLASKAMP, C. *Time use of parents raising children with severe or profound intellectual and multiple disabilities.* Child Care Health Dev, 2017. 43(4), 518–526.

MAVRIPLIS, C. et al. *Mind the gap:* Women in STEM Career Breaks. Journal of technology management & innovation, 2010. 5(1), 140-151. Disponível em: https://dx.doi.org/10.4067/S0718-27242010000100011 Acesso em: 5 jun. 2024.

MAYS, A. et al. *Juneteenth in STEMM and the barriers to equitable science.* *Cell, 2023. 186*(12), 2510-2517. Disponível em: https://doi.org/10.1016/j.cell.2023.05.016 Acesso em 5 jun. 2024.

MELLO-CARPES, P. B. et al. *Parentalidade e carreira científica:* o impacto não é o mesmo para todos. Epidemiologia e serviços de saúde, 2022. 31(2). Disponível em: https://doi.org/10.1590/S2237-96222022000200013 Acesso em: 5 jun. 2024.

MINICHIL, W. et al. *Depression and associated factors among primary caregivers of children and adolescents with mental illness in Addis Ababa, Ethiopia.* BMC Psychiatry, 2019. 19(1). Disponível em: https://doi.org/10.1186/s12888-019-2228-y Acesso em 5 jun. 2024.

NIELSEN, M. W. et al. *Gender diversity leads to better science.* Proceedings of the National Academy of Sciences, 2017. 114(8), 1740-1742. Disponível em: https://doi.org/10.1073/pnas.1700616114 Acesso em 5 jun. 2024.

PARENT IN SCIENCE. *As bolsas de produtividade em pesquisa:* Uma análise do movimento Parent in Science. Porto Alegre: Parent in Science, 2023. Disponível em: www.parentinscience.com/documentos. Acesso em 5 jun. 2024.

ROGERS, J.; MCLEAN, A.; MENTOR, M. *A seat at the table:* Womanist narratives of black mothers in doctoral programs. Taboo: The Journal of Culture and Education, 2019. 18 (1). Disponível em: https://doi.org/10.31390/taboo.18.1.07 Acesso em 5 jun. 2024.

SIEFERT, K. et al. *Modifiable risk and protective factors for depressive symptoms in low-income African American mothers.* American Journal of Orthopsychiatry, 2007. 77(1), 113–123. Disponível em: https://doi.org/10.1037/0002-9432.77.1.113 Acesso em: 5 jun. 2024.

SILVA, J. M. S. *Mães negras na pós-graduação:* uma abordagem interseccional [Dissertação de Mestrado, Universidade Federal da Bahia]. Repositório Institucional da UFBA, 2020. Disponível em: http://repositorio.ufba.br/ri/handle/ri/32119 Acesso em 5 jun. 2024.

SONUNE, S.; GAUR, A.; SHENOY, À. *Prevalence of depression and quality of life in primary caregiver of children with cerebral palsy.* Journal of Family Medicine and Primary Care, 2021. 10(11), 4205. Disponível em: https://doi.org/10.4103/jfmpc.jfmpc_70_21 Acesso em: 5 jun. 2024.

STANISCUASKI, F. et al. *Impact of Covid-19 on academic mothers.* Science, 2020. 368(6492), 724-724. Disponível em: https://doi.org/10.1126/science.abc2740 Acesso em: 5 jun. 2024.

STANISCUASKI, F. *The science meritocracy myth devalues women.* Science, 2023. 379(6588), 1308-1308. Disponível em: https://doi.org/10.1126/science.adh3071 Acesso em: 5 jun. 2024.

STANISCUASKI, F. (a) *et al. Impact of COVID-19 on academic mothers.* Science, 2020 368(6492), 724. Disponível em: https://doi.org/10.1126/science.abc2740 Acesso em: 5 jun. 2024.

STANISCUASKI, F. (b) *et al.. Gender, race and parenthood impact academic productivity during the COVID-19 pandemic*: From survey to action. Frontiers in Psychology, 2021. 12, 663252. Disponível em: https://doi.org/10.3389/fpsyg.2021.663252 Acesso em: 5 jun. 2024.

STANISCUASKI, F. (c) *et al. Time to fight the pandemic setbacks for caregiver academics.* Nature Human Behaviour, 2021. 5(10), 1262. Disponível em: https://doi.org/10.1038/s41562-021-01209-2 Acesso em 5 jun. 2024.

STANISCUASKI, F. *et al. Bias against parents in science hits women harder.* Humanities and Social Sciences Communications, 2023. 10(1), 201. Disponível em: https://doi.org/10.1057/s41599-023-01722-x Acesso em: 5 jun. 2024.

Valente, R. R. (2017). The vicious circle: effects of race and class on university entrance in Brazil. Race ethnicity and education, 20(6), 851-864.

Valentova, J. V., Otta, E., Silva, M. L., & McElligott, A. G. (2017). Underrepresentation of women in the senior levels of Brazilian science. PeerJ, 5, e4000.

VERONEZI, D. P. O.; RIBEIRO, G. M. C.; GOMES, S. H. A. *Mulheres com deficiência na docência brasileira.* Em Questão, 2022. 28(2), 241-264.

VILANOVA, J. R. S. *et al. Burden of mothers of children diagnosed with autism spectrum disorder:* Mixed method study. Revista Gaúcha de Enfermagem, 2022. 43, e20210077. Disponível em: https://doi.org/10.1590/1983-1447.2022.20210077.en Acesso em 5 jun. 2024.

VILASECA, R.; FERRER, F.; GUARDIA OLMOS, J. *Gender differences in positive perceptions, anxiety, and depression among mothers and fathers of children with intellectual disabilities:* A logistic regression analysis. Quality and Quantity, 2014. 48(4), 2241–2253. Disponível em: https://doi.org/10.1007/s11135-013-9889-2 Acesso em 5 jun. 2024.

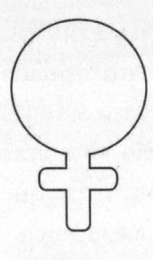

Capítulo 6

Mulheres em STEM – por que somos tão poucas?

Thereza Cristina de Lacerda Paiva

A falta de equidade de gênero: quantificando o problema

O Conselho Nacional de Desenvolvimento Científico e Tecnológico (CNPq) lançou, em 2023, o Painel de fomento em ciência, tecnologia e informação, onde é possível fazer buscas por área, região, gênero, raça e tipo de fomento de todo o financiamento à pesquisa feito pelo órgão desde 2005 até o presente.

Uma primeira busca às bolsas de formação e de pesquisadores nos leva a um panorama, em 2024, de uma presumida igualdade de gênero, ao levarmos em conta todas as áreas de pesquisa e todos os níveis de bolsa: 49,5% das bolsas para mulheres e 50,5% para homens. Quem vive o dia a dia como pesquisadora em uma área em STEM (Science, Technology, Engineering and Mathematics), no entanto, sabe que a equidade de gênero ainda está longe de ser obtida.

Em 2022, fizemos uma busca nos quadros docentes e de pesquisadores das Universidades (UFRJ, UERJ, UFF, UniRio, PUC-Rio) e centros de pesquisa (IMPA e CBPF) sediados no estado do Rio de Janeiro. Encontramos 27% de mulheres entre as docentes e pesquisadoras na Matemática, 20% na Física e 43% na Química.

Como já foi visto no Capítulo 2 deste livro, quando os dados das bolsas de formação e de pesquisadores são divididos pelas grandes áreas do conhecimento, como no gráfico da próxima página, fica explícito o panorama desigual; nas Engenharias, 36% das bolsas vão para mulheres, enquanto nas Ciências Exatas e da Terra, apenas 33%. Nas áreas ligadas à saúde e ao cuidado, como Ciências da Saúde e Ciências Biológicas, temos a predominância de mulheres entre os bolsistas.

Mulheres em STEM – por que somos tão poucas?

Percentual por sexo do número de bolsas de formação e de bolsas para pesquisadores por grande área de pesquisa em 2024

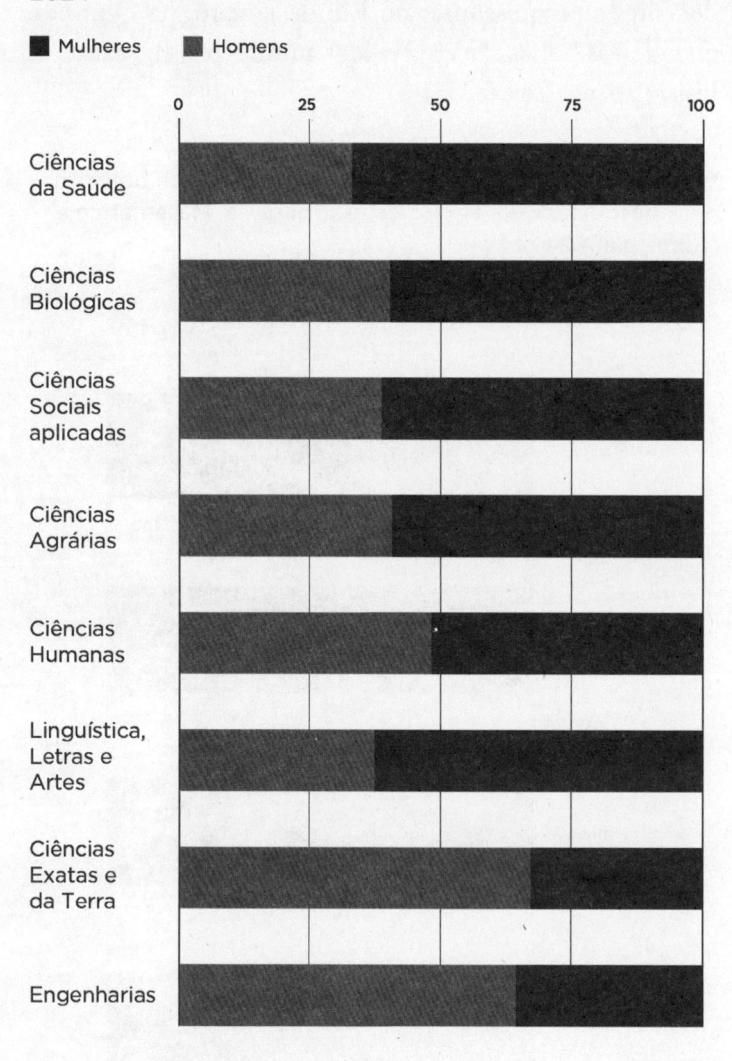

■ Mulheres   ■ Homens

Ciências da Saúde	
Ciências Biológicas	
Ciências Sociais aplicadas	
Ciências Agrárias	
Ciências Humanas	
Linguística, Letras e Artes	
Ciências Exatas e da Terra	
Engenharias	

Fonte: CNPq

Mesmo nas Ciências Exatas e da Terra, os percentuais não são uniformes e refletem o que encontramos entre os docentes e pesquisadores no Rio de Janeiro; na Química, metade das bolsas são concedidas a mulheres, enquanto na Física, apenas 24%.

Percentual por sexo de bolsas de formação e de bolsas para pesquisadores em Física, Astronomia, Matemática e Química em 2024

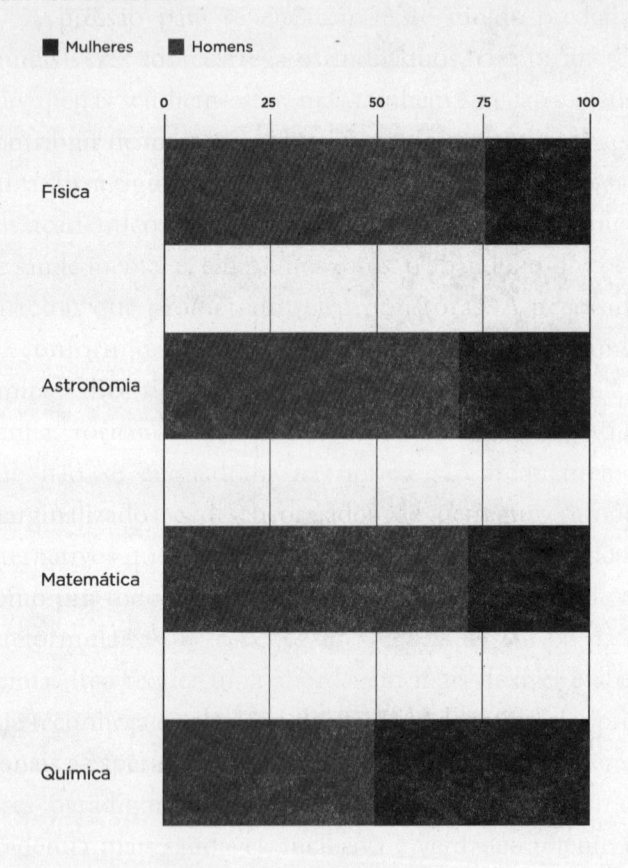

■ Mulheres   ■ Homens

Área	Mulheres	Homens
Física	24	76
Astronomia	35	65
Matemática	40	60
Química	50	50

Fonte: CNPq

Esses números apresentam claramente a falta de equidade de gênero nas áreas exatas. Mais do que isso, eles sinalizam dois problemas distintos mas não desconectados. O primeiro é a menor procura de meninas por carreiras nas áreas exatas; o segundo é a dificuldade, maior para mulheres do que para homens, de progredir na carreira nessas áreas. Aqui cabe um comentário sobre a necessidade de um ambiente mais inclusivo na academia não só no que diz respeito a gênero, mas também a raça, idade e capacidades diversas. Essa inclusão é necessária não "só" por uma questão de justiça social (e o "só" vai entre aspas porque justiça social nunca é "só"), mas também porque a diversidade beneficia a ciência em si. Ao contrário da visão romantizada do cientista apartado do mundo, praticamente um eremita, atualmente o desenvolvimento da ciência se dá predominantemente de forma colaborativa. Dessa forma, uma equipe mais diversa, onde cada membro traz diferentes pontos de vista e expertises, tem chances maiores de encontrar soluções para as questões cada vez mais complexas apresentadas tanto pela ciência quanto pela tecnologia atuais.

Não vejo evidências que apontem para a maior relevância de um ou outro problema relacionados à falta de equidade de gênero nas Exatas. Tanto a falta de interesse das meninas por carreiras nessas áreas quanto a dificuldade de progressão na carreira por mulheres precisam ser reconhecidas por nossa comunidade e atacadas com empenho e seriedade.

Há mais de 10 anos, fiz uma escolha pessoal e decidi me dedicar à questão das meninas nas Ciências Exatas.

Tem menina no circuito - Trazendo mais meninas para a ciência

O projeto "Tem menina no circuito"[1] foi criado em 2013 pelas professoras Elis Sinnecker e Tatiana Rappoport, do Instituto de Física da UFRJ, com o intuito de atrair mais meninas para as áreas das Ciências Exatas. Começamos a atuar em 2014, em uma escola pública em Nova Iguaçu, com um grupo de cinco meninas do Ensino Médio. Nossa proposta era apresentar a ciência de maneira lúdica e divertida, montando circuitos elétricos em meios alternativos como papel, massa de modelar e tecido, unindo componentes característicos da eletrônica, como baterias e LEDs, a elementos do artesanato, de forma a atrair as meninas.

Passados dez anos do início do projeto, nossa iniciativa cresceu e se tornou um programa multifacetado. Ampliamos o escopo das nossas oficinas nas escolas, incorporando outros tópicos da Física e convidando professoras da Matemática, Astronomia e Química para contribuírem em propostas e realização de atividades. Passamos a organizar palestras com pesquisadoras para as alunas, apresentando-lhes mulheres em situação de protagonismo, organizamos visitas a museus de Ciências e centros de pesquisa, e ainda realizamos um acampamento científico, em um fim de semana com diversas atividades de ciências apenas para meninas em um hotel fazenda. Criamos o "Terceirão do Tem menina", oferecendo aulas semanais de reforço em Matemática, Física, Química e redação na UFRJ para as alunas do terceiro ano do Ensino Médio buscando aprovação no Enem.

---

[1] temmeninanocircuito.wordpress.com

Mulheres em STEM – por que somos tão poucas?

Nossas oficinas mais simples funcionam bem com crianças de diferentes faixas etárias e, assim, passamos a fazer muitas atividades de divulgação científica para um público variado em museus, parques e eventos. Começamos a discutir questões de gênero, estereótipo e pertencimento com as meninas, fazendo rodas de conversa e cinedebate sobre esses temas. Buscamos entender a efetividade de nossas ações, tornando-nos ação e objeto de pesquisa.

Atualmente, contamos com o apoio de dez monitoras, entre bolsistas e voluntárias, e estamos em seis escolas, todas públicas e em região de periferia. Atendemos, semanalmente, aproximadamente 200 meninas dos Ensinos Fundamental e Médio na região do Grande Rio. Temos uma filial em Uberlândia, com duas escolas, em parceria com a professora Liliana Sanz, da Universidade Federal de Uberlândia (UFU).

Em retrospectiva, é bastante surpreendente que tenhamos sido tão bem-sucedidas, dado que no começo contávamos apenas com as nossas boas intenções e nenhum conhecimento do que iríamos encontrar. Mais do que lidar com a falta de interesse das meninas pelas áreas exatas, rapidamente nos demos conta que a falta de interesse era pelo Ensino Superior, de um modo geral. Essa opção não estava no radar dos estudantes daquela escola, dos responsáveis e nem mesmo da direção da escola, que consideravam a conclusão do Ensino Médio suficiente para seus estudantes. O "Tem menina no circuito" se tornou, assim, uma iniciativa de inclusão social pela ciência.

Para nossa surpresa, pais e mães não eram nossos fortes apoiadores. Ao contrário, consideravam deixar as filhas no contraturno conosco um desperdício de tempo, que poderia ser gasto trabalhando de forma remunerada ou cuidando de irmãos mais novos ou avós. Um caso curioso foi o de uma mãe que queria punir a filha por mau comportamento e instituiu como castigo não ir às nossas atividades. A falta de apoio nem sempre estava ancorada em motivos financeiros.

Possivelmente, um dos nossos maiores méritos foi ter conseguido fazer adaptações para responder aos desafios que surgiam a todo o momento e aprender com eles. Passamos a frequentar reuniões de pais e mestres, conversar com os responsáveis, apresentar nossas propostas e a escutá-los. Fizemos um piquenique no Museu de Astronomia e Ciências Afins com as famílias e nos sentamos para conversar e ouvir. Para nenhuma surpresa nossa, tivemos muitas meninas criadas por mães-solo, avós e tias. A parceria criada em eventos como esse foi um divisor de águas na nossa forma de operar.

Nossa opção por fazer atividades apenas com meninas encontrou resistência nas escolas e críticas entre nossos colegas, professores universitários. O argumento era que, dado que atuamos em escolas de periferia, seria interessante oferecermos atividades para todos. Ao oferecer um espaço apenas para meninas, esperávamos incentivá-las a questionar sem medo e também permitir uma aproximação maior entre elas e nós e as monitoras. Uma consequência inesperada de nossa estratégia foi descobrir que estávamos provendo um espaço seguro para as alunas. Próximo do fim do ano, uma menina nos relatou que era assediada por um aluno da escola e que nossos encontros semanais eram um momento de tranquilidade, pois ela tinha certeza de que ele não iria incomodá-la ali.

Outra questão com a qual tivemos que lidar logo no começo foi a racial. Somos três mulheres brancas e, ao convidar todas as meninas de uma escola predominantemente negra para participar de nossas atividades, ficou claro que o convite não foi recebido por todas igualmente. As que vieram ao nosso primeiro encontro eram quase todas brancas. Passamos a levar meninas negras, monitoras ou participantes de anos anteriores, para fazer o convite conosco e reforçar que todas eram bem-vindas.

Levamos as meninas da escola em Nova Iguaçu para a UFRJ com alguma regularidade e foi emocionante ver o deslumbramento delas indo pela primeira vez a uma universidade. O projeto "Tem menina no circuito" começou logo depois da implementação das cotas na UFRJ. As meninas se enxergavam nos alunos que passavam nos corredores e começaram a acreditar que também poderiam pertencer àquele espaço. Em 2014, inscrevemos nosso primeiro grupo na Jornada de Iniciação Científica da UFRJ. Não era usual alunos do Ensino Médio apresentarem seus trabalhos neste evento e essa participação trouxe um grande empoderamento para elas. Além de terem seu trabalho reconhecido com uma menção honrosa, a diretora da escola as convidou a repetir a apresentação no auditório da instituição de ensino para todo o corpo escolar. Nossas meninas viraram "celebridades" na escola e saíram até em matéria de um jornal de Nova Iguaçu.

Do nosso grupo inicial de cinco meninas, temos uma formada em Letras (Jhennifer) e outra em Licenciatura em Física (Gabriella), ambas atuando como professoras e com um olhar muito atento para questões de gênero e para a divulgação científica. Assim como várias outras que vieram depois, Jhennifer e Gabriella são as primeiras da família a ingressar no Ensino Superior. Gabriella é a mais nova de três irmãs. A mais velha, já mãe, resolveu voltar a estudar ao ver a irmã caçula na universidade. Os efeitos do "Tem menina no circuito" vão além das meninas diretamente atendidas.

Também tivemos a nossa cota de frustrações. Uma das meninas desse grupo inicial, muito inteligente e articulada, foi fortemente desincentivada pelo pai de ingressar no Ensino Superior, pois, de acordo com suas crenças, ela se tornaria muito questionadora e teria dificuldades para encontrar um marido. Essa foi uma de muitas perdas com as quais tivemos que aprender a lidar.

Ser a primeira da família a ingressar no Ensino Superior é um marco na vida das meninas e de suas famílias. Ser precursora traz dificuldades específicas. Nós nos demos conta que precisávamos fazer uma orientação acadêmica para as meninas e também suas famílias. Com muita vontade de melhorar as chances de uma boa carreira para Ester, sua mãe a inscreveu em um curso na área de Petróleo e Gás. O curso não tinha nenhum tipo de reconhecimento e estava atrás apenas de receber as mensalidades. Foi um mau gasto de dinheiro e do tempo da Ester. Muitas meninas desconhecem que as universidades públicas não são pagas. A maioria não entende bem o funcionamento do SISU e como aumentar suas chances de ingresso buscando por cursos com notas de entrada compatíveis com suas notas. Ao longo dos anos, fomos incorporando informações sobre cursos e ingresso no Ensino Superior ao nosso leque de atividades. Com o passar dos anos, vimos que lentamente as perspectivas vão mudando nas escolas atendidas, especialmente nas duas primeiras, o Colégio Estadual Alfredo

Neves, em Nova Iguaçu, e o CIEP Brasil-Turquia, em Duque de Caxias.

Uma das maiores questões que as meninas dessas escolas enfrentam na entrada para o Ensino Superior é a dificuldade de se manter na universidade. Uma prática que adotamos desde que tivemos nossas primeiras ingressantes na universidade é convidar as meninas que entram em cursos nas áreas exatas para atuar como monitoras. É sabido que a evasão é alta nessas áreas e a bolsa é um instrumento de retenção. As conversas frequentes com as monitoras, perguntando e acompanhando o desempenho nas disciplinas, são outro forte redutor de evasão. Ao atuar como monitora em uma escola da qual é egressa, a menina se torna uma testemunha de que é possível sair daquela escola e entrar na UFRJ ou em outra universidade federal.

Esse aumento da busca pelo Ensino Superior nem sempre se reflete num aumento na busca pelas áreas exatas. Em total acordo com os dados do CNPq, observamos uma busca maior pelas áreas da saúde. Ao longo dos anos, temos discutido muito sobre por que isso se dá. Uma busca na internet por "brinquedos de menina" e "brinquedos de menino" nos traz alguns elementos. Os brinquedos "para meninas", além de enorme predominância da cor rosa, estão quase todos ligados aos cuidados da casa e dos outros, como casinhas, panelinhas, carrinho de bebê, bonecas. Enquanto os brinquedos "para meninos" reforçam a aventura. Curiosamente, os kits de robótica quase sempre vêm listados como "de menino".

Uma das atividades que gostamos de fazer são as rodas de conversa, onde debatemos um livro ou filme. Recentemente, assistimos ao TED Talk "Sejamos todos feministas", da Chimamanda Adichie (2012), e fizemos um debate. Foi praticamente uma unanimidade entre os relatos das meninas e das professoras do Ensino Médio a questão da má divisão do trabalho doméstico, com o cuidado da casa e da família recaindo sempre sobre as mulheres, sejam só as mães ou incluindo as filhas, mas não os filhos e pais. Esse cenário, na melhor das hipóteses, acaba empurrando as meninas para as áreas do cuidado, com a qual se acostumaram desde muito cedo. Discutir o contexto social por trás dessa escolha e apontar outras possibilidades é uma das estratégias que temos adotado ao longo dos anos.

A ida a museus de ciência e centros de pesquisa pode expandir os horizontes e apontar novos caminhos. Em pesquisa que fizemos com alunos das escolas atendidas, perguntamos se já haviam ido a esses espaços. Em caso afirmativo, perguntamos quais e, em caso negativo, por que não. Foram raríssimas as respostas afirmativas e todas as negativas acompanhadas pela justificativa "nunca tive a oportunidade".

A perspectiva de inclusão social pela ciência mais uma vez se coloca. Os espaços de ciência, mesmo que públicos e sem cobrança de entrada, não são acessados por esses alunos. Uma história que ilustra a importância da ida a esses espaços é a da Alessandra, que participou do "Tem menina no circuito" no CIEP Gelson Freitas, em Mesquita. Em 2022, fretamos um ônibus de 46 lugares e levamos meninas de cinco escolas com suas professoras e monitoras para visitar o Centro Nacional de Pesquisa em Energia e Materiais (CNPEM), em Campinas, onde fica o acelerador de luz síncrotron Sirius, o maior centro de pesquisa do país. Antes da ida, Alessandra postou um vídeo no Instagram, onde contava, enquanto preparava sua mala para a viagem, que tinha pensado em seguir carreira militar, mas que a perspectiva de visita a esse centro estava fazendo com que ela pensasse em outras possibilidades. Ao longo da visita, os diferentes laboratórios do CNPEM foram apresentados por cientistas mulheres. Alessandra fez muitas perguntas e interagiu com várias pesquisadoras. Este ano ela ingressou no curso de Nutrição da UFRJ.

Uma das mudanças mais notáveis nesses dez anos de atividade foi observar como as questões relativas à equidade de gênero avançaram na academia e, em específico, no Instituto de Física da UFRJ. Quando começamos, mais de uma vez ouvimos comentários de que estávamos gastando muito tempo brincando de massinha nas escolas e que deveríamos manter o foco no avanço na carreira científica. É fato que o tempo gasto com o "Tem menina no circuito" me fez publicar menos, mas não impediu o progresso na carreira. Na verdade, o que se considera hoje uma carreira bem-sucedida evoluiu de forma surpreendente e observo de perto como até instâncias que sempre foram bastante conservadoras, como o Comitê Assessor do CNPq, que julga os pedidos de bolsa, atualmente considera fortemente positivo a participação em iniciativas para meninas na ciência, como a nossa.

Em 2022, o "Tem menina no circuito" recebeu o prêmio "Nature Award for Inspiring Women in Science", na categoria Outreach (Divulgação). Esse reconhecimento internacional solidificou a opinião de nossos colegas sobre a relevância do que fazemos. Na ocasião da entrega do prêmio, tivemos contato próximo com equipes da plataforma de mídia Nature Research e da Estée Lauder Companies, organizadoras do prêmio. Nossa abordagem foi considerada por elas como holística, atingindo meninas e famílias, com atividades diversificadas. Os anos de funcionamento nos diferenciou das outras propostas.

    O ciclo virtuoso de meninas ingressantes no Ensino Superior que retornam a suas escolas como monitoras e motivam mais meninas a entrar na universidade é lento e custoso. A maior dificuldade que enfrentamos nos dez anos de funcionamento do "Tem menina no circuito" foi, sem nenhuma dúvida, a falta de continuidade de financiamento. O trabalho de conclusão de curso da Gabriella (2020) para a Licenciatura em Física foi um estudo dos primeiros cinco anos de atuação do "Tem menina no circuito". Em sua pesquisa, ela mostrou que nos anos com maior financiamento e, consequentemente, mais atividades, mais idas à UFRJ e a museus, a retenção das meninas das escolas nas atividades e posterior ingresso na universidade foi maior do que nos anos de vacas magras e poucas atividades. Com a queda no número de meninas, também há a redução das monitoras egressas. A interrupção do financiamento invariavelmente leva a uma redução de meninas ingressantes no Ensino Superior. Políticas públicas que permitam o financiamento continuado de grupos que atuem para trazer meninas para as áreas exatas são necessárias e prementes.

Referências bibliográficas

ADICHIE, C. N. *We should all be feminists*. TEDxEustoun, dez. 2012. Disponível em https://www.ted.com/talks/chimamanda_ngozi_adichie_we_should_all_be_feminists?language=pt-br&subtitle=en Acesso em 5 jun. 2024.

ANES, G. M. S. *et al. Equidade de gênero longe das ciências exatas no Rio de Janeiro.* Rio de Janeiro: Ciência Hoje, 28 jan. 2022. Edição 384.

CNPQ. *Painel Fomento em ciência, tecnologia e inovação.* Disponível em ttp://bi.cnpq.br/painel/fomento-cti/ Acesso em 5 jun 2024.

SILVA, G. G. *et al. Tem menina no circuito:* Dados e resultados após cinco anos de funcionamento. Revista Brasileira de Ensino de Física, 2020. 42, e20200328.

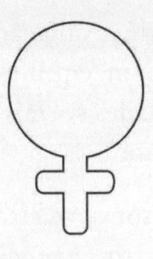

Apêndice 1

Recomendações para evitar a influência generalizada do viés implícito negativo de grupos estereotipados em editais e chamadas de financiamento

1. Agências de financiamento, universidades e instituições de pesquisa devem criar um comitê de diversidade para desenvolver políticas locais para melhorar a participação de pessoas negras, mulheres e grupos sub-representados na ciência. A diversidade deve ocorrer principalmente nas posições de topo (gestão e poder).

2. As agências de financiamento devem pedir aos (às) candidatos (as) (es) que indiquem em suas propostas quais ações estão sendo realizadas em seu grupo de pesquisa para aumentar a diversidade e representatividade de gênero, raça, orientação sexual, presença de deficiência, e outros grupos sub-representados na ciência. Essas ações devem receber pontos para obter a bolsa/financiamento.

3. A comissão de avaliação deve contemplar a diversidade, com equilíbrio de raça, gênero e outras identidades sociais sub-representadas em sua composição.

4. O comitê revisor deve estar ciente do fenômeno de viés implícito. Agências de financiamento, universidades e instituições de pesquisa devem promover programas educacionais que avaliem o viés implícito (ou explícito) nos membros do comitê, bem como ensinar estratégias para minimizá-lo.

5. É fundamental estimular o pensamento crítico sobre a sub-representação de grupos específicos entre os candidatos. Deve ser observada a falta de diversidade na lista de candidatos (as/es). Se não houver diversidade, propor iniciativas para atrair indivíduos de grupos sub-representados na chamada de financiamento. O recrutamento para cargos, empregos e oportunidades acontece muitas vezes em redes sociais fechadas e os fluxos de informação costumam favorecer as pessoas mais próximas dos detentores do poder. O comitê deve fazer um esforço para distribuir subsídios e pedidos de financiamento além de seus canais e redes usuais.

6. As cartas de recomendação são fortes fontes de parcialidade implícita e podem prejudicar a avaliação do (a/e) candidato (a/e). Ao redigir uma carta de recomendação, é importante

valorizar o brilhantismo de todos (as/es) os (as/es) candidatos (as/es), incluindo indivíduos de grupos sub-representados. Por exemplo, certifique-se de utilizar adjetivos que salientem o brilhantismo para mulheres e pessoas de outros grupos estigmatizados, em lugar daqueles adjetivos que salientem esforço e dedicação.

7. Anúncios de agências de financiamento e programas de seleção de candidatos (as/es) devem usar termos neutros e inclusivos em relação ao gênero. O texto de uma chamada pode estar repleto de informações com viés implícito, favorecendo candidatos do sexo masculino, especialmente em línguas em que a forma masculina dos substantivos se refere tanto a homens quanto a mulheres.

8. Evitar palavras que expressem problemas com disponibilidade de tempo em editais, pois isso provavelmente desencorajaria os envolvidos no cuidado familiar a se inscrever.

9. Valorizar explicitamente a diversidade nos anúncios. Por exemplo: "Mulheres, pessoas negras, pessoas LGBTQIAP+ e/ou com deficiência são incentivadas a apresentar propostas".

10. Estabelecer de maneira objetiva os critérios de avaliação que serão utilizados com antecedência e divulgar esses critérios nos editais.

11. Se a área do edital é tradicionalmente uma "área branca masculina", recomenda-se enfatizar

ainda mais o compromisso com a diversidade e inclusão.

12. Sempre que possível, evitar usar adjetivos e atributos pessoais na chamada, uma vez que frequentemente tendem a estar implicitamente associados a um gênero ou grupo específico. "Privilegiamos a liderança e assertividade..." ou "Procuramos competitividade" são exemplos dos atributos relacionados com os estereótipos masculinos que devem ser evitados.

13. Citar explicitamente no anúncio quais critérios de equidade de gênero, raça e outros serão usados na avaliação. Divulgar no edital exatamente como isso será considerado no processo seletivo.

14. Ao enumerar os requisitos para o anúncio, identificar aqueles que são considerados apenas preferíveis e aqueles que são indispensáveis e priorizar estes últimos sobre os primeiros. A literatura de pesquisa sugere que as mulheres geralmente param de competir por oportunidades quando não atendem 100% dos requisitos. Em comparação, os homens tendem a competir quando atendem a apenas 60% dos requisitos (CHIGNELL, 2017). O mesmo é provavelmente verdadeiro para outros grupos sub-representados.

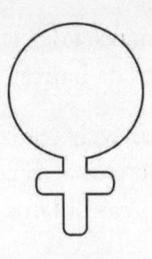

Apêndice 2

Recomendações para evitar vieses implícitos no processo de seleção:

1. Acessar o IAT, um teste de associação implícita que avalia as associações implícitas (https://implicit.harvard.edu/implicit/), para reconhecer seu próprio viés implícito e tentar modulá-lo conscientemente.

2. A comissão de avaliação que elabora o processo de seleção deve ser informada da existência de vieses implícitos e explícitos. Programas educacionais devem ser realizados para avaliar esses vieses nos membros do comitê de avaliação e para ensinar estratégias sobre como minimizá-los.

3. Realizar a avaliação com base em critérios objetivos, previamente estabelecidos, em vez de utilizar a "intuição".

4. Treinar a empatia e procurar se colocar no lugar do outro.

5. Discutir e estabelecer os critérios para o processo seletivo ANTES de conhecer os (as/es) candidatos (as/es).

6. Fazer sua própria lista de classificação antes de ouvir outros membros da banca.

7. Sempre que possível, realizar a seleção (ou etapas do processo seletivo) sem conhecimento da identidade dos (as/es) candidatos (as/es).

8. Em casos de entrevistas, realizar perguntas relacionadas a questões profissionais. Perguntas de âmbito pessoal, como planejamento familiar, devem ser evitadas.

9. As perguntas devem ser semelhantes entre os (as/es) candidatos (as/es).

10. Criar uma lista baseada nas características desejáveis dos(as/es) candidatos(as/es) e não na busca por razões para eliminação dos(as/es) candidatos(as/es).

11. Garantir que todas as pessoas do comitê sejam ouvidas, dedicando tempo para a reflexão baseada na opinião de todos(as/es). Estudos mostram que o viés implícito é reduzido quando os comitês têm tempo para fazer a discussão e reflexão.

12. Garantir que todos os membros do comitê não tenham conflito de interesse como, por exemplo, terem vínculo com os(as/es) candidatos(as/es).

13. Com os demais membros do comitê, e principalmente com o (a/e) candidato (a/e), evite brincadeiras ou comentários que chamem a atenção para a distinção de gênero, raça ou outra identidade estigmatizada. Exemplo: "Hoje em dia tudo é considerado preconceito".

Recomendações para evitar vieses implícitos no processo

14. Entre os membros de conselhos ou comitês, tome cuidado para não levantar a voz e respeitar a fala dos outros membros. É comum que os homens usem sua força vocal para expressar suas opiniões, inibindo as colegas de falarem.

Referências bibliográficas

CALAZA, K. C. *et al*. *Facing racism and sexism in science by fighting against social implicit bias:* A latina and black woman's perspective. Frontiers in Psychology, 16 jul. 2021. V. 12, p. 671481. Disponível em https://pubmed.ncbi.nlm.nih.gov/34335385/. Acesso em 5 jun. 2024.

UFF. *Manual de boas práticas para processos seletivos*. Niterói, set. 2018. Disponível em: https://cpeg.uff.br/wp-content/uploads/sites/582/2022/04/MANUAL_DE_BOAS_PRATICAS_PARA_PROCESSOS_SELETIVOS.pdf. Acesso em 4 jun. 2024.

Organizadoras

Leticia de Oliveira

Neurocientista, professora titular da Universidade Federal Fluminense (UFF) e pesquisadora sênior do University College London (Inglaterra) entre 2017-2022. É "Cientista do Nosso Estado" pela FAPERJ e bolsista de produtividade em pesquisa do CNPq. Estuda a interação da atenção e emoção com neuroimagem no cérebro humano, aplicando inteligência artificial na predição de transtornos psiquiátricos. Com importante atuação para construção de uma ciência mais justa e equânime, foi vencedora do Prêmio Mercosul em Ciência e Tecnologia na área de Inteligência Artificial, do Prêmio 25 Mulheres na Ciência pela 3M em 2021 e do Prêmio Nise da Silveira, conferido pela ALERJ em 2022.

Tatiana Roque

Matemática e historiadora da ciência, é professora titular do Instituto de Matemática da Universidade Federal do Rio de Janeiro (UFRJ). Foi pesquisadora do Collège International de Philosophie (Paris) e Coordenadora do Fórum de Ciência e Cultura da UFRJ. É "Cientista do Nosso Estado" pela FAPERJ. Seu livro *História da Matemática: uma visão crítica, desfazendo mitos e lendas* ganhou o Prêmio Jabuti em 2013. Sua obra mais recente, *O Dia em que Voltamos de Marte: uma história da ciência e do poder com pistas para um novo presente*, chegou a finalista do Jabuti em 2022. Foi uma das criadoras da Revista DR (Discutir a Relação), publicação digital que abordava questões sobre mulheres na ciência.

Na FAPERJ, foi uma das criadoras e preside a Comissão de Equidade, Diversidade e Inclusão. É membro do núcleo central do movimento Parent in Science, com o qual ganhou o prêmio da revista Nature "Mulheres Inspiradoras na Ciência". Fez parte do grupo de trabalho da Capes "Equidade de Gênero" e foi coordenadora da Comissão Permanente de Equidade de Gênero da reitoria da UFF. É mãe da Sofia, nascida em 2005.

Definir uma só área de atuação é difícil, pois os temas transversais sempre despertaram maior paixão. Além de investigar as relações entre ciência e política, Tatiana passou a ter uma atuação como mulher na política. Presidiu o sindicato docente da UFRJ (Adufrj) de 2015 a 2017, foi candidata a deputada federal (sendo suplente do PSB) e esteve como Secretária Municipal de Ciência e Tecnologia do Rio de Janeiro até abril de 2024. É mãe do Matias.

As autoras

Ana Lúcia Nunes de Sousa

Fatima Erthal

Mulher afro-indígena, nascida e criada no cerrado, entre pequizeiros e buritizais. Das veredas do interior do estado de Goiás, partiu para a capital, onde se graduou em Comunicação Social/Jornalismo, pela Universidade Federal de Goiás. Tornou-se mestre em Comunicação e Cultura na Universidad de Buenos Aires e doutora em Comunicação e Jornalismo pela Universidad Autónoma de Barcelona. Também se especializou em documentário criativo (Univalle/CO), Hipermídia (IIP-JM-Cuba), Epistemologias do Sul (Clacso) e Relações étnico-raciais na educação básica (CP2). Atualmente, trabalha como professora do magistério superior na Universidade Federal do Rio de Janeiro, com atuação no Laboratório

Neurocientista, PhD em ciências e especialista em neuroimagem por ressonância magnética funcional. É professora associada no Instituto de Biofísica Carlos Chagas Filho (IBCCF-UFRJ), onde investiga o processamento cerebral de pistas de perigo e segurança em pessoas expostas a eventos traumáticos. Membro do Laboratório de Neurobiologia (LABNEU) do Instituto de Biofísica Carlos Chagas Filho (UFRJ) e do Laboratório Integrado de Pesquisa sobre Estresse (LINPES) no Instituto de Psiquiatria (UFRJ). Membro do Programa de Pós-graduação em Ciências Biológicas – Fisiologia (UFRJ) e do Programa de Pós-graduação em Psiquiatria e Saúde Mental (UFRJ). Durante a pandemia de Covid-19, iniciou de Vídeo Educativo do Instituto Nutes de Educação em Ciências e Saúde e nos Programas de Pós-graduação em Educação em Ciências e Saúde (PPGECS/UFRJ) e Comunicação e Cultura (PPGCOM/UFRJ). Líder do Núcleo de Estudos de Gênero e Relações Étnico-raciais na Educação Audiovisual em Ciências e Saúde (NEGRECS/UFRJ) e do Grupo de Pesquisa em Recepção Audiovisual em Educação em Ciências e Saúde (GERAES/UFRJ). Pesquisadora no Grupo "O Mundo do Trabalho, Comunicação e Educação em Enfermagem" (EEAN – UFRJ). É mãe de Kwame e Amina; e filha de Valdomiro e Benedita.

uma linha de pesquisa investigando a saúde mental dos pós-graduandos, abordando sintomas depressivos, ansiosos, da síndrome de Burnout e do Transtorno de Estresse Pós-traumático. Foi membro fundadora do capítulo brasileiro da Organization for Women in Science for the Developing World (OWSD), organização parceira da Unesco. É membro do Comitê de Diversidade da Sociedade Brasileira de Neurociências e do Comportamento (SBNeC), do Comitê de Atenção à Saúde Mental do Instituto de Biofísica Carlos Chagas Filho (UFRJ) e da Comissão de Ações Afirmativas do Programa de Pós-graduação em Psiquiatria e Saúde Mental (IPUB-UFRJ). Coordena o projeto "Desconstruindo estereótipos: por uma sociedade mais justa e igualitária", que aborda estereótipos sociais, a importância das políticas afirmativas e estratégias para a desconstrução dos estereótipos em escolas públicas do Rio de Janeiro. É mãe de uma menina de 17 anos.

Fernanda Stanisçuaski

Professora Associada III do Departamento de Biologia Molecular e Biotecnologia e pesquisadora líder de grupo de pesquisa no Centro de Biotecnologia da Universidade Federal do Rio Grande do Sul. Possui graduação em Ciências Biológicas pela Universidade Federal do Rio Grande do Sul (2002) e doutorado em Biologia Celular e Molecular (Programa do Centro de Biotecnologia da Universidade Federal do Rio Grande do Sul – 2007). Realizou estágio de Pós-doutorado no Departamento de Biologia da Universidade de Toronto em Mississauga, e foi bolsista de pós-doutorado Júnior no Departamento de Biofísica da Universidade Federal do Rio Grande do Sul. Foi bolsista PNPD-Capes do Centro de

Gisele Camilo da Mata

Analista de Projetos na Fundação de Apoio da UFMG, pesquisadora do Grupo Pedagogia da Prática no Núcleo de Estudos e Pesquisas do Pensamento Complexo da Universidade Federal de Minas Gerais, e do Núcleo de Estudos e Pesquisas sobre Educação e Relações Étnico-Raciais da Universidade do Estado de Minas Gerais. Tem graduação em História pela Faculdade de Filosofia, Ciências e Letras de Sete Lagoas (2004) e graduação em Processos Gerenciais (2012) e Especialização em Gestão Pública (2014) pela Universidade do Estado de Minas Gerais. Possui mestrado em Educação e Docência (Programa de Mestrado Profissional da Universidade Federal de Minas Gerais – 2022). Atualmente

Biotecnologia da Universidade Federal do Rio Grande do Sul, trabalhando com aquaporinas de plantas. Originalmente atuava nas áreas de Biologia Molecular, fisiologia de insetos, bioquímica de macromoléculas e toxinas. Atualmente dedica-se aos estudos sobre parentalidade na academia e na ciência, desenvolvendo pesquisas nos temas relacionados à equidade, diversidade e inclusão. É fundadora e coordenadora do Movimento Parent In Science. Mãe de três filhos, esteve em licença maternidade em 2013, 2015 e 2018. Vencedora do Nature Research Awards for Inspiring Women in Science (2021), finalista do Prêmio Inspiradoras da Avon/Universa (2022), uma das vencedoras do prêmio Falling Walls Science Breakthroughs of the Year 2023 na categoria Science Innovation Management e uma das finalistas do Prêmio Mulheres Positivas (2024).

dedica-se à pós-graduação em Transtorno do Espectro do Autismo e aos estudos sobre maternidade, relações étnico-raciais, deficiência, políticas públicas e trabalho do cuidado na academia e na ciência, desenvolvendo pesquisas nas temáticas que articulem educação, política e inclusão. É embaixadora do Movimento Parent in Science na UFMG. Mãe de gêmeos, esteve em licença maternidade em 2015.

Karin Da Costa Calaza   Lohrene de Lima da Silva

Possui graduação em Ciências Biológicas (bacharel em Genética), mestrado e doutorado em Ciências Biológicas (Biofísica) na área de neurociências no Instituto de Biofísica Carlos Chagas Filho da UFRJ. Participou do programa de Doutorado Sanduíche com estágio na Cornell University (2000-2001) e realizou o pós-doutorado no Visual Neuroscience Departament do Ophtalmology Institute da University College London. Atualmente é professora titular do Departamento de Neurobiologia, orientadora permanente e Coordenadora do Programa de Pós-Graduação em Neurociências e docente permanente da Pós-graduação em Ciências Biomédicas da Universidade Federal Fluminense,

Está cursando o doutorado em Educação em Ciências e Saúde pelo Programa de Pós-Graduação Educação em Ciências e Saúde da Universidade Federal do Rio de Janeiro (PPGECS/UFRJ). É mestre em Ensino de Química pelo Programa de Pós-Graduação em Ensino de Química (2021, PEQui/UFRJ) e graduada em Licenciatura em Química (2019, IQ/UFRJ). Atualmente é Professora Substituta no Departamento de Química Geral e Inorgânica da Universidade Estadual do Rio de Janeiro (DQGI/UERJ). Compõe a equipe que atua no projeto de extensão Mulheres Negras Fazendo Ciência/ As incríveis cientistas negras (MNFC-CEFET/UFRJ). É membro da Comissão de de produtividade do CNPq-2 (nível 2/2020-2023) e Cientista do Nosso Estado (FAPERJ). Foi vice-coordenadora do Grupo de Trabalho Mulheres na Ciência da UFF (2018-2022). É vice-presidente da Comissão para Equidade de gênero da UFF (2022-atual), membro do Fórum dos GTs de Gênero e Parentalidade do RJ (2020- atual) e do Comitê de Diversidade da Sociedade Brasileira de Neurociências e Comportamento(2019- atual). Coordenadora dos Projetos de Extensão "UFF nas escolas" e "Viés implícito e ameaça pelo estereótipo: o que a Neurociência tem a nos dizer?" e vice-coordenadora do projeto de divulgação científica "Pega visão". Colaboradora nos projetos de extensão "Include meninas", do Instituto de Computação, "Mulherio", do Instituto de Psicologia da UFF, e "Descontruindo estereótipos para uma sociedade mais justa", do IBCCF da UFRJ. Pesquisa na área de neurobiologia da retina e trabalha na divulgação dos fenômenos do cérebro "Viés implícito e ameaça pelo estereótipo" no contexto de mulheres e pessoas negras. Mãe de duas filhas (2004 e 2007).

Heteroidentificação de Pretos e Pardos para o acesso à graduação e pós-graduação da UFRJ. É integrante do Núcleo de Estudos de Gênero e Relações Étnico-raciais na Educação Audiovisual em Ciências e Saúde (NEGRECS). Tem experiência na elaboração de materiais didáticos de química para o Ensino Básico e na área de Ciências, Gênero e Relações Étnico-Raciais.

Luciana Ferrari Espíndola Cabral

Mariana da Silva Lima

É Licenciada em Ciências Biológicas (UFRJ), Especialista em Ensino de Ciências (IFRJ), Mestre em Botânica (Escola Nacional de Botânica Tropical/ JBRJ) e Doutora em Educação em Ciências e Saúde (Instituto Nutes/UFRJ). É Presidente do Núcleo de Estudos Afro-brasileiros e Indígenas (NEABI) do CEFET-RJ campus Maria da Graça e Vice- Presidente do Comitê de Políticas de Igualdade e Cotas Étnico-Raciais do CEFET-RJ. É vice-líder do grupo de pesquisa NEGRECS (NUTES/UFRJ) e integrante dos grupos de pesquisa SULEAR (CEFET-RJ), GERAES (NUTES/UFRJ) e GPTEC (IFRJ). É Professora do Ensino Básico Técnico e Tecnológico do CEFET-RJ, onde desenvolve atividades de ensino, pesquisa e extensão.

Professora do Quadro Permanente do CEFET-RJ, onde atua no Ensino Básico (ministrando a disciplina Língua Portuguesa e Literatura Brasileira) e no Ensino Superior (lecionando no Programa de Pós-Graduação em Relações Étnico-Raciais/ PPRER). Na mesma instituição, é uma das coordenadoras do Projeto de Extensão Mulheres Negras Fazendo Ciência (em parceria com o NUTES/UFRJ). Possui graduação em Letras pela UERJ e em Artes Cênicas pela UNIRIO, mestrado em Teoria Literária e doutorado em Literatura Comparada pela UFRJ e pós-doutorado pela USP, UFF e Université Paul Valéry Montpellier 3. Integra os Grupos de Pesquisa do CNPq NEGRECS (Núcleo de Estudos de Gênero e Relações Étnico-raciais na Educação Audiovisual em Ciências e Saúde) e SULEAR (Saberes Subalternizados, Letramentos, Ações de Resistência). Atua principalmente nos seguintes temas: estudos de gênero, raça e classe e estudos das mídias (com ênfase em: Imprensa e Literatura no século XIX; relações entre Brasil e França no século XIX; Humanidades Digitais). É mãe de Vicente, Inácio e Antônio.

Thereza Cristina de
Lacerda Paiva

É bacharel (PUC-Rio), mestre (PUC-Rio) e doutora (UFF) em Física, com pós-doutorados na University of Califórnia, Davis e UFRJ. Foi Secretária Geral da Sociedade Brasileira de Física nos biênios 2017-2019 e 2019-2021. É professora titular da Universidade Federal do Rio de Janeiro, onde desenvolve pesquisa sobre materiais quânticos, coordenando o grupo de Quantum Matter do Instituto de Física. É co-fundadora e coordenadora do projeto "Tem menina no circuito", uma iniciativa para atrair meninas para as ciências exatas. Atualmente é secretária Municipal de Ciência e Tecnologia da cidade do Rio de Janeiro. É mãe da Gabriela.

O

Este livro foi composto
em papel pólen soft 80 g/m2
e impresso em junho de 2024

Que este livro dure até antes do fim do mundo